VOLUME VI- PARTE SECONDA

STORIOGRAFIA SCIENTIFICA

Come abbiamo preannunciato nella prima parte del Vol.VI questa seconda paarte viene descritta alla distanza di (2013-1960)=53 anni duranti i quali il progresso scientifico ha fatto passi da gigante sopratutto per l'apporto di tecnologie più avanzate. Tutte le discipline scientifiche sono approdate con i mezzi forniti dalla tecnica operativa ad interessesarre le attività ad essa collegate nei campi più disparati a cominciare dalla più lontana come la astronomia e l'astrofisica, la spettrometria ed i sistemi digitali delle telecomunicazioni senza dimenticare le applicazioni dirette quali la strumentazione a carattere biomedico e, dulcis in fundo le comodità per il singolo che vanno dai telefonini ai telecomandi ad ultrasuoni. Insomma tutti questi argomenti devono trovare posto sencondo progetto in questo centianio di pagine di qquesta seconda parte. Quindi necessariamente per esigenze di spazio gli approfondimenti si devono cercare nei testi specializzati .Ciò non significa trascurare i fatti e le scoperte di questi ultimi 53 anni. Allo scopo e per lò generalità delle applicazioni, si parte dalla matematica e attraverso lla fisica si giuge alla astronomia di posizione e quindi all'atrofisica della nostra attività che forano oggetto di 11 volumi scritti nel suddetto periodo. Per fonire una idea concreta vogliamo proporre un argomento applicatico di cui tutti ci serviamo, giornalmente usato per aprire

SISTEMA TRASMITTENTE TELECOMANDO AD ULTRASIONI — Fis40–Fig–57

BJT=B=Transistor=Binary thermal transistor

RAPPRESENTAZIONE PORTA AND (A due ingressi) — Fis40–Fig56

$Y = \overline{AB}$

TABELLA VERITA'

INGRESSO A	INGRESSO B	USCITA Y	
0	0	1	AND
0	1	1	AND
1	0	1	AND
1	1	0	NAND

La PORTA AND ha uscita Y per ingressi nulli o alternati Il circuito AND interdice l'uscita Y se i segnali sono controversi,In tal caso AND funziona come NOT

la TV o/e il canello di casa e la porta della propia automobile. La Fis40-Fig56 rappresenta uba porta digitale a carattere ingresso (quando attivate il tasto del vostro telecomando TV, porte del cancello e/o automobile) con la Y in uscita . Come appare nella Fis40-Fig 57 il Chip del telecomando comprende tre porte verità parallelo e due in serie l'ultima delle quali invia il segnale di ingresso u(t) all'uscita Y Questo segnale viene con ciò ricevuto da un analogo dispositivo dewl Vs PC e/o cancello di casa Questo dispositivo è è detto ad ultrasuoni e quindi (App.Z) e quibdi a bassa energia di dimensioni tascabili per il trionfo delle personali comodità . Ma per l'Homo Sapiens e l'Homo faber la fatica per giungere al dispositivo hard di un dispositivo stampato ci sono voluti secoli di meditazioniu e lavoro a cominciare ,come faremo , dalla matenatica e/o della fisica matematica e quant'altro possibile come la astronomia e l'astrofisica spazio consentendo

Verona Febbraio 2013

UNIVERSITÀ DEGLI STUDI DI VERONA
FACOLTÀ DI SCIENZE MM.FF.NN. a Cà Vignal
Strada Le Grazie, 15 - 37134 Verona
Tel. 0458027926 - Fax 0458027928

Il Preside

Short presentation of the work

The author of the work , the subject of this brief presentation , one hundred years the award of the Nobel Prize for Physics to A. Einstein, he has experimented with great courage, given the undoubted difficulty of the subject addressed by writing a Studio Celebratory one of the greatest thinkers , if not the largest , titled " in the centenary of Relativity " by taking as a reference one of the last works of the great physicist , " the Meaning of Relativity " by Albert Einstein published ten years before his death .

The study is , as mentioned, the Theory of Relativity Theory that , namely , which has dramatically changed the way we deal with and analyze the concepts of " space " and " time " which Relativity is strictly and undeniably connected. The study, structured in two parts , is a ' work not easy to read , and certainly addressed , as well as declaring the same author to read those re familiar with the concepts of both the so-called " classical physics " and with those of the " Theory of Relativity " , the " quantum Theory " and , more generally , of the " Modern Physics " , but despite this , the result of such a great effort , it is a work that stands out for insight and analysis capabilities of topics and subjects that still today give rise to very heated debates . The scientific work is evident in the first part when the author, just as an example , deals with the " Relativity " and highlights the consequences arising from the biggest change wrought in Classical Mechanics , ***namely: the light propagates in a vacuum at a finite speed , and this speed is the upper limit for the motion of any other body in space , point, this is fundamental for the cessation of " ether " , imagined and theorized by Huygens Fresnel.***

It also worth noting that the author fully grasps as A. Einstein , writing " The Meaning of Relativity ," thought the Natural Sciences in general, and not only to physics , although considered the most important, since the arguments study and points of departure for any discussion are the " sensory perceptions " that are common to different individuals placed in different places. From the reading of "In the centenary of Relativity " shows that the author shares the view that the "Theory of Relativity " ***would be the point*** *of the so-called Classical Physics " based on the ideas determine characteristics of absolute space - time, landmarks essential to great scientists such as Newton, Faraday, Maxwell . striking , moreover, that the author shows you surprised by the fact , mentioned in the official history of the great physicist of all late in 1955 , according to which appointed Director of ' Institute of Physics " Kaiser Wilhelm " in Berlin , not squeezed ever cordial relations with the Max Planck Institute who taught for years in the same city . the fact is even more strange, the author points out , if you think that it was Albert Einstein with the Photoelectric Effect theory , a theory which earned him the Nobel Prize for Physics in 1905, to give theoretical foundation to what action fruitful starting point for the birth of the concept of " photon" , as the energy of light that can propagate undisturbed in empty space to the finite speed of light .*

A possible inteipretazione , certainly not verifiable , say such behavior could be that , despite A. Einstein has revolutionized the way of thinking of physicists , introducing methods which are also fundamental to quantum mechanics formulated in 1927, maintained until the end of his days in the hope that you could give complete and thorough answer to the many problems that have arisen with the quantization of the fundamental phenomena present in the atomic aspects of the subject, using only the lines of the classical theory of field. When he was speaking of a unified field theory , he had in mind the ambitious project of a theory that solves all the problems related to elementary particles through the use of classical fields everywhere regular without singularities.

For the sake of completeness we conclude this brief presentation pointing out that all the physical , however, agree with the position of Bohr and Heisenberg , for example, in the interpretation of Quantum Mechanics , consider the unification of classical fields , the gravitational and electromagnetic isolation from the sources of the fields themselves, ie the mass and electric charge. Thus the incompatibility Maxwell- Loretz .

The work is , however, noteworthy and deserves to be taken into account at least by experts in the field , regardless of any difficulties in reading and interpretation of the thought of the author .

Emilio Burattini

Prof. Emilio Buràttini

PREFAZIONE ALLA PARTE SECONDA DI STORIOGRAFIA-SCIENTIFICA

Pref-E

Su suggerimento di **Galilei** secondo il quale solo la matematicà può indendere e dare una immagine comprensibile della creazione.

Abbiamo introdotto in questa seconda PARTE in primis le funzioni esponenziali atte a rappresentare la base della logica digitale per la risoluzione delle reti elettriche applicando i principi di **Kirchoff** e le modalità della funzione di trasferimento di **Laplace**. Con uno sguardo alla struttura atomica del nucleo e delle particelle che per effetto del calore stellare emettono nello spazio intersideralee e captate o coaptate dallo spettrografo di massa. Con il quale un filo metallico portato alla incandescenza ,**Fig2-SpeJB** , per mezzo dello spettrografo di massa **Baimbridge--Jordan** è in grado di fornire i paticolarari della struttura degli atomi e degli elettroni mediante la evidenziazione della loro frequenza. In corelazione alla frequenza $f = \frac{W_j - W_i}{h}$ (1) della meccanica quantica e lo spettro S.Fig2-SpeJB delle frequenze degli elettroni nel loro moto stazionario attorno al nucleo.Il capitolo di indice K tratta le frequenze dei campi elettromagnetici e dei dispositivi cosidetti componenti ideali RCL Infine nell'indice K è data una prefigurazione della assiomatica (da pg150A alla pg-160.La **fig8** la camera di ionizzazione di un gas. La **Fig15** prefigura la astronomia(Parte TERZA).

A seguire PARTE QUARTA. <THE END>

PREFACE TO THE SECOND PART OF HISTORIOGRAPHY - SCIENTIFIC

Pref-E

At the suggestion of Galileo , according to which mathematics can only indendere and give a comprehensible picture of creation.

We have introduced in this second PART primarily exponential functions designed to represent the base of the submit digital logic for the resolu-tion of electrical networks by applying the principles of **Kirchoff** and modalities of the transfer function of **Laplace.**

With a look at the atomic structure of the nucleus and of the particles due to the heat emitting star in space or coaptate intersideralee and picked up by the mass spec - trografo .

Wiht a metal wire led to the filament,**Fig2 -SpeJB** , by means of the mass spectrograph **Baimbridge - Jordan** - is able to provide the paticolarari the structure of atoms and electrons through the highlighting of their frequency.

In corellation to frequency $f = \frac{W_j - W_i}{h}$ (1) quantum mechanics - S.Fig2 SpeJB frequency spectrum of the electrons in their motion around the stationary nucleo.Il chapter index K is the frequency of electromagnetic fields and devices so-called ideal components RCL Finally, the index K is given a foreshadowing of the axiomatic (from pg150A to pg- 160. The **fig8** ionization chamber of a gas.

The **fig15** prefigures the astronomy (Part THREE) .

PART FOUR to fololow . <THE END>

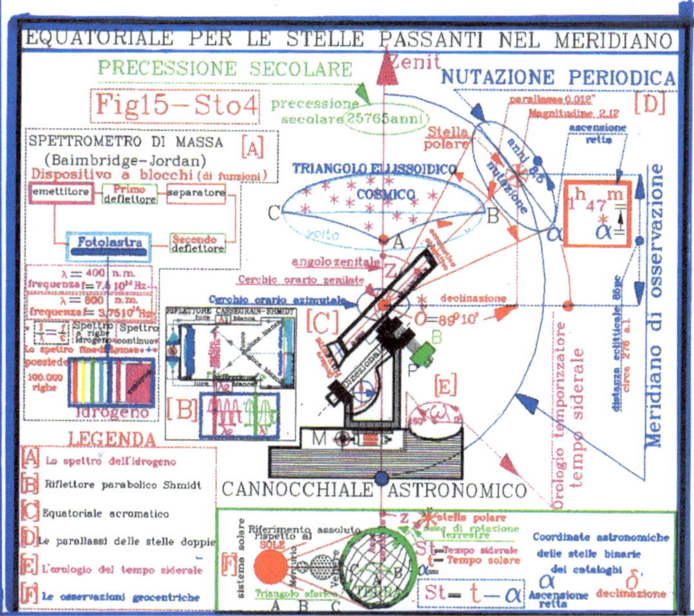

ANALISI DI UNA RETE

Si consiglia di consultare le precedenti pagine ai nn-(45-49-50-59)sulle funzioni esponenziali reali e complesse ricordando che queste ultime sono una creazione di **F.C.Gauss** relativa alla soluzione di una equazione di 2° grado del tipo : $ax^2+bx+c=0$ (1)

[a] La soluzione della (1) La x è la icognita ed a,b,c parametri di grandezze numeriche, essendo a,b,c ≠ 0 (b può essere nulla).Per affrontare la soluzione della rete a componenti logici R-C-L,**Fig10** ,è opportuno individuare per quali valori dei parametri a,b,c la (1) risulti sodisfatta . Perciò si indicano le x come le incognite del problema. Si possono presentare tre casi a seconda che il discriminante $\Delta = b^2-4ac \; x>=<0$ (2) Se Δ>0 la (1) ammette due autovalori x_1,x_2 reali e distinti che la soddisfano indenticamente. SeΔ=0 $x_1=x_2$ reali e coincidenti. Nel caso Δ<0 gli autovalori z_1 e z_2 sono espressi dagli autovalori complessi coniugati (T.F.A) :

$$Z_1=\frac{-b+j\sqrt{b^2-4b.c}}{2a} \quad (2_1), \quad Z_2=\frac{-b-j\sqrt{b^2-4b.c}}{2a} \quad (2_2)$$

Radici che soddisfano la (1).Da cui la equivalenza : $ax^2+bx+c=a(x-z_1)(x-z_2)$ (3) . Autovalori che per **De Moivre** in formatrigonometrica periodica :

$z=r(\cos\phi+j\sin\phi)$ (4) , $z^n=r^n(\cos n\phi+j\sin n\phi)$ (5)

Il numero complesso $z=x+jy$ (6),espresso in forma rettangolare.Dividiamo la (21)per 2a : $-\frac{b}{2a}=-\frac{R}{L}$ (7) per la parte reale.Per la immaginaria si trova:

$$\frac{j}{2a}\frac{j^2}{j^2}\sqrt{b^2-4ac}=\frac{j}{2a}\frac{1}{j^2}\sqrt{j^2(b^2-4ac)}=\sqrt{4ac-b^2}\;\frac{j}{2a}\frac{1}{j^2}=-\frac{j}{2a}\sqrt{4ac-b^2}$$

In conclusione z_1,z_2 nella ipotesi Δ<0 diventano : $z_1=\frac{-b-j\sqrt{4ac-b^2}}{2a}$ (7) , $z_2=\frac{-b+j\sqrt{4ac-b^2}}{2a}$ (8)

con $4ac-b^2=\Delta'>0$. A seguire.......

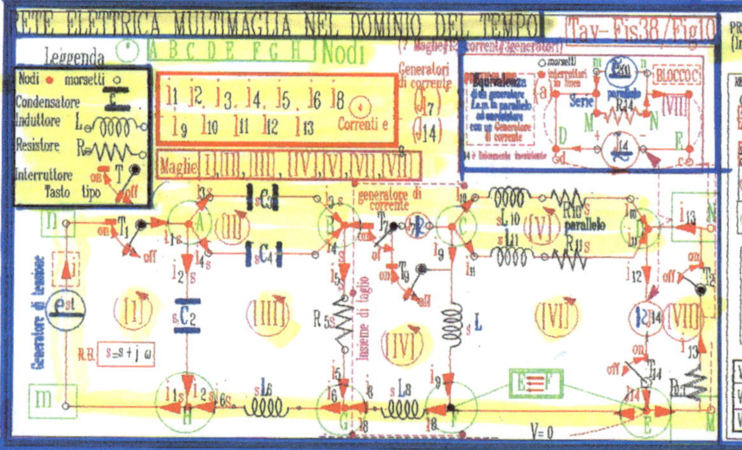

NALYSIS OF A NETWORK

You should consult the previous pages to nn - (45-49-50-59) on the real exponential functions and com-plex in mind that these are designed by **F.C.Gauss** on the solution of an equation of second degree of the type: $ax^2+bx+c=0$ (1)

[a] the solution of (1)

x is the icognita and a, b, c parameters of numerical magnitudes, being a, b, c≠ 0 (b may be zero) to deal with the solution of the net-work in logical components R-C-L, **dwg 10**, it should be indicated for which values of the parameters a, b, c the (1) it appears al the condition have been. Therefore we suggest the x as the unknowns of the problem. You can have three cases depending on whether the discriminant $\Delta = b^2-4ac>0=<$ (2) If Δ> 0 (1) admits two eigenvalues x_1, x_2 real and distinct that meet it's indentical. If Δ =0 : x1 = x2 are real and coincident.

If Δ <0 the eigenvalues z_1 and z_2 are expressed by the complex conjugate eigenvalues (TFA):

$$Z_1=\frac{-b+j\sqrt{b^2-4b.c}}{2a} \quad (2_1), \quad Z_2=\frac{-b-j\sqrt{b^2-4b.c}}{2a} \quad (2_2)$$

Roots that satisfy(1).From which the equivalence : $ax^2+bx+c=a(x-z_1)(x-z_2)$ (3). Eigenvalues for **De Moivre** in fullgrown trigonometric periodic: $z=r(\cos\phi+j\sin\phi)$ (4), $z^n=r^n(\cos n\phi+j\sin n\phi)$ (5)

The complex number $z=x+jy$ (6), expressed in the form rect.To divide (21) for 2a: $-\frac{b}{2a}=-\frac{R}{L}$ (7 for the real part .For the imaginary is located:

$$\frac{j}{2a}\frac{j^2}{j^2}\sqrt{b^2-4ac}=\frac{j}{2a}\frac{1}{j^2}\sqrt{j^2(b^2-4ac)}=\sqrt{4ac-b^2}\,.\;\frac{j}{2a}\frac{1}{j^2}=-\frac{j}{2a}\sqrt{4ac-b^2}$$

z_1, z_2 in the case Δ <0 become:

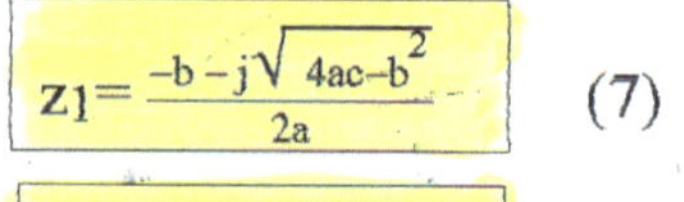

$$z_1=\frac{-b-j\sqrt{4ac-b^2}}{2a} \quad (7)$$

$$z_2=\frac{-b+j\sqrt{4ac-b^2}}{2a} \quad (8)$$

with $b^2-4ac=\Delta'>0$.A faloww

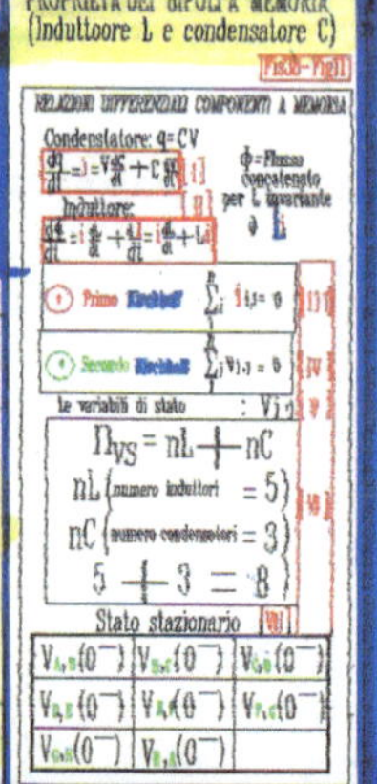

Quanto appreso nella pg-81 non è sufficiente per affrontare la applicazione per la risoluzine della rete di **Fig10** anche se ridotta alla Fig12.ottenuta con un primo insieme di taglio.

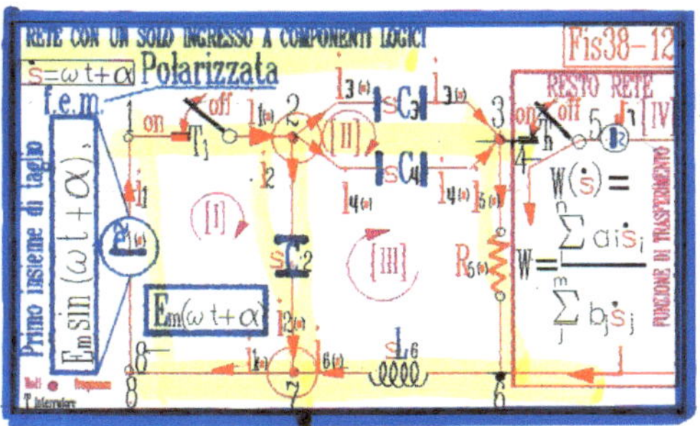

[a] Il T.F.A Il teorema fondamentale dell'algebra si enuncia con < **Una equazione algebrica di grad n ammette semore n radici od autovalori che la soddisfano identicamente , se e solo se , per radiici si intendano le reali distinte e reali coincidenti e le complesse con il loro grado di molteplicità**> Nel caso di n=2 abbiamo costatato che le radici reali e distinte, reali e coincidenti e colplesse , sono appunto due. Ma dato che i coefficienti a,b,c sono supposti reali la soluzione data, cioè:

$$ax^2+bx+c=a((x-x_1)(x-x_2)=a(x^2-2x(x_1+x_2)+x_1.x_2)=0 \quad (1)$$

Si scopre che, **nel caso** Δ<0 le radici ((7)) ed ((8)) devono essere complesse coniugate. Infatti in tal caso

$$x_1+x_2=z_1+z_2=\frac{-b+j\sqrt{b^2-4b.c}}{2a}+\frac{-b-j\sqrt{b^2-4b.c}}{2a}=\frac{-b}{2a}+\frac{-b}{2a}=-\frac{b}{a}\in Re.$$

Lo stesso vale per il prodotto di due numeri complessi coniugati. Se ne deduce che il prodotto e la somma di numeri complessi coniugati è un numero reale .**Equazione algebrica**:

$a_nx^n+a_{n-1}x^{n-1}+....+a_2x^2+a_1x_1+a_o=0$ (1)ammette dunque n autovalori reali: $x_1,x_2,x_3..x_p$ (a) o complessi che indichiamo con $z_1,z_2,z_3,...,z_q$ (b) con $p+q=n$ (c) In questo caso i coefficieni $a_n,...,a_2,a_1,a_o$ sono reali Nel caso di un polinomio di variabile complessa z si scrive : $P(z)= a_oz^n+a_1x^{n-1}+....+a_nz^2+a_{n-1}z+a_o$ (2),con i coefficienti complessi costanti ed n il grado (2) con w=az+b lineare. **[c] Divisione fra polinomi** Siano N(z) e D(z) due polinomi di grado m ed n con n >m . Il rapporto: $N(z):D(z)= Q(z) + R(z)$ (3) ,dando ai coefficieti valore numerico si ha: R(z)= 0, allora N(z) è divisibile per D(z). Nel caso della **Fig2** R(x)=+10.N(z) non è divisibile per il polinomio D(z)

ANALYSIS OF A NETWORK | pg-82

The lessons learned in the pg-81 is not sufficient to for the application for lookups network **dwg10** even if reduced to dwg12.ottenuta with a first set of cutting.

[a] The T.F.A. is the fundamental theorem of algebra states with <**An algebraic equation grad n admits semore n roots or eigenvalues that satisfy the identi-cally, if and only if you intend to radiici real distinct and real and coincident the complex with their degree of multiplicity**> in the case of n = 2 we have seen that the roots real and distinct, real and coincident and colplesse, are precisely two. But since the coeffici-entities a, b, c are supposed real solution date, namely:

$$ax^2+bx\ c==a((x-x1)(x-x2))=a((x^2-2x((x_1+x_2)x_1.x_2=0 \quad (1)$$

it turns out that, in the case of D <0 the roots ((7)) and ((8)) must be complex conjugate. Indeed in this case $x_1+x_2=z_1+z_2=-+\frac{-b}{2a}=-\frac{b}{a}\in Re$ Same goes for the product of two complex conjugate numbers. This suggests that the product and the sum of complex numbers conjugate is a real number. **Algebraic equation**:

$a_nx^n+a_{n-1}x^{n-1}+....+a_2x^2+a_1x_1+a_o=0$ (1) admits there-fore no real eigenvalues: $x_1, x_2, x_3 .. ,x_p$ (a) or complex denoted by $z_1, z_2, z_3, ..., z_q$ (b) with $p+q = n$ (c) In this case the coefficients $a_n, ..., a_2, a_1, a_o$ are real in the case of a polynomial of the complex variable z is written as:

$P(z)=a_oz^n+a_1x^{n-1}+....+a_nz^2+a_{n-1}z+a_o$ (2) with constant complex coefficients and n is the degree (2) with w = az+ b linear.

[c] Division of polynomials Let N(z) and D(z) polynomials of degree m and n with n> m. ratio: $N(z): D(z) = Q(z) + R(z)$ (3), giving the coefficients numerical value has: R(z) = 0, then N(z) is divisible for D (z). In case of **dwg** R (x) = 10 Thus, N (z) is not divisible for D (z).

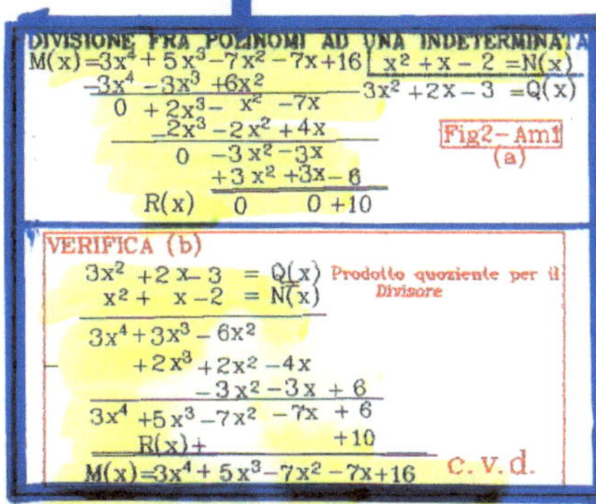

Questo capitolo è fondamentale per applicare alle reti elettriche i principi delle soluzioni ingresso- uscita . La variabile complessa z=x+jy usata può essere , in forma algebrica, interpretata come la s=σ+jω della F.di T $W(s) = \frac{Y(s)}{U(s)}$ ((8)-pg-62)

[a]Definizione di funzione esponenziale E' espressa:

$$w(s)=e^{st}=e^{(\sigma+j\omega)t}=e^{\sigma t}\cdot e^{j\omega t}=e^{\sigma}(\cos\sigma t+j\sin\omega t) \quad (1)$$

con e=2,718... base dei logartmi(di **Briggs**), **decimali**. Es:Log 10=1, oppure **naturali** (di **Nepero**) : ln1=2,718 di maggior precisione. Per questo sono usati dagli astrofisici, per la determinazione delle distanze ($d=zc/H_0$),che dimostreremo più avanti) .Si noti,**Fig7-Am1**, che la curva e la curva (logaritmiche) operano su numeri positivi.Il punto + 1è comune ad entrambe. Infatti $e^0=10^0=+1$ ma la curva di Nepero porge logaritmi di numeri più precisi .Nei calcolatori , ad es . **Log5** = =0,698970004 , **ln 5**=1,609437912 più approssimato

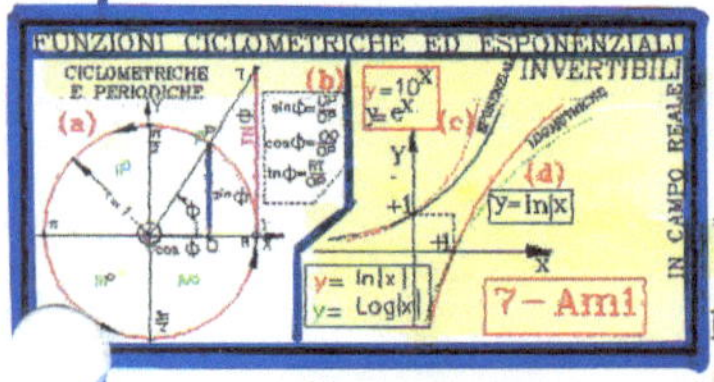

[b] Le proprietà delle funzioni esponenziali :

[1] **Funzioni trigonometriche** : $\sin(s)=\frac{e^{js}-e^{-js}}{2j}$ (1) $\cos(s)=\frac{e^{js}+e^{-js}}{2j}$ (2) $tn(s)=\frac{\sin(s)}{\cos(s)}=\frac{e^{js}-e^{-js}}{e^{js}+e^{-js}}$ (3) . Per (1)e(2) e la (3) valgono le stesse proprietà delle funzioni trigonometriche reali. Ad es: $\sin^2 s+\cos^2 s=1$ (4) , $\sin -s=-\sin s$ (5) , $\sin(s_1\pm s_2)=\sin s_1\cos s_2\pm\cos s_1\sin s_2$ (6) $\cos(s_1\pm s_2)=\cos s_1\cos s_2\pm\sin s_1\sin s_2$ (7)

[c]Funzioni e trasformazioni(pg 42-Muray-Spigel)

Data la funzione f(s)=s3 .Si chiede quale valore assume per s=1+ j La sua trasformata. Risulta: $f(1+j)=(1+j)^3=(1+j)(1+j)(1+j)=(2+2j)(1+j)=4(1+j)$ (8) . Problema Date due costanti u=c1 e v=c2, rette del piano w(s)=s2 per i valori per c1=2,4,-2,-4 , c2=2,4,-2,-4 . Risultano le 2 iperboli equilatere: $u=x^2-y^2$ (9) $v=2xy$ (10) ortogonali.

[d]Applicazione . La **Fig1-Am1** riporta le radici della unità 1. alcoliamo le radici per n=6. Usiamo la forma $X=1e^{(n:i)j\Phi}$ che per Φ=0 porge $x_0=1$. Per le altre(De Moivre) $j=\sqrt{-1}$

zo=+1#,z1=cos60+jsin60=5+0,8660254038j #z2=cos120+j sin 120=-0,5+j0,8660254038 # z3=-1, z4=-0,5-j0,8660254038 ,z5= 0,5-j 0,8660254038j → Calcolati con TI-95(Texas Ist)

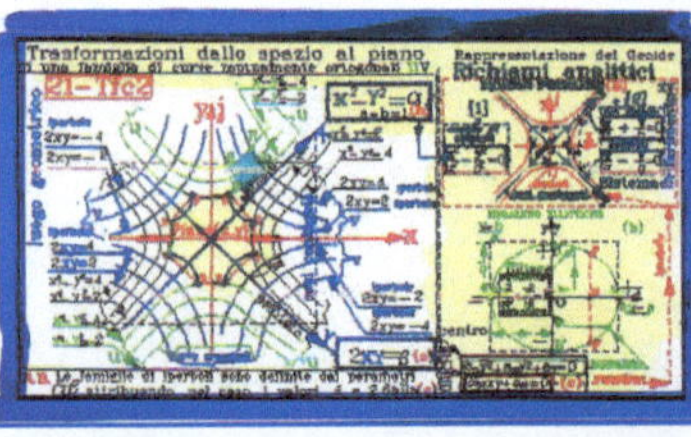

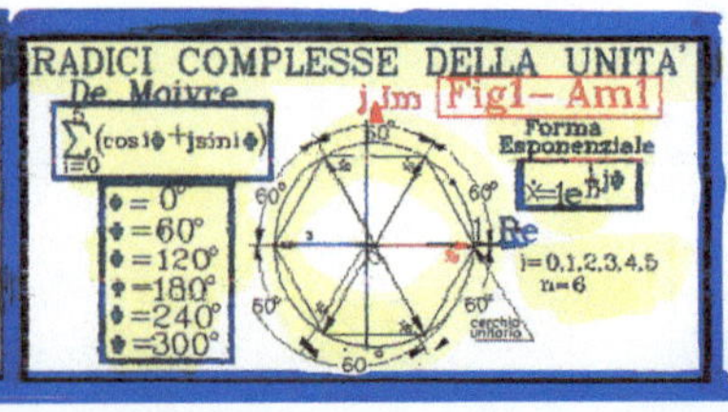

This chapter is crucial to apply the principles to the electricity networks of input-output solutions The complex variable z=x+jy can be used in algebraic form,interpreted as the s = σ+jω of function $W(s) = \frac{Y(s)}{U(s)}$ ((8)-pg-62). **[a]The function exponential**

$$w(s)=e^{st}=e^{(\sigma+j\omega)t}=e^{\sigma t}e^{j\omega t}=e^{\sigma}(\cos\sigma t+j\sin\omega t) \quad (1)$$

trigonometric with e = 2.718 ... basis of logaritmi of **Napier** natural places. Ex: Log 10=1 base dei Logaritmi of **Briggs**.... more precisely. For this are used by astrophysicists **(Napier)** . For the determination of distances (d=zc/Ho), we will show below). Notice, **Fig7-Am1**, that the curve and the curve (logarithmic)operate on numbers positiv.Il point + 1 is common to both. Indeed $e^0 = 10^0 = +1$ but the **curve of Nepero** proffer. logarithms of more accurate numbers.'s For the calculathing is Log 5 = 0.698970004, **ln5** = 1.609437912 is closest

[b] The properties of exponential functions:

[1] trigonometric functions: $\sin(s)=\frac{e^{js}-e^{-js}}{2j}$ (1) $\cos(s)=\frac{e^{js}+e^{-js}}{2j}$ (2) $tn(s)=\frac{e^{js}-e^{-js}}{e^{js}+e^{-js}}$ (3). For (1) and (2) and (3) apply the same properties as functions trigo-real lap times. Eg: $\sin^2 s+\cos^2 s=1$ (4), $\sin -s=-\sin s$ (5) , $\sin(s_1\pm s_2)=\sin s_1\cos s_2\pm\cos s_1\sin s_2$ (6) , $\cos(s_1\pm s_2)=\cos s_1\cos s_2\pm\sin s_1\sin s_2$ (7)

[c] functions and transformations (pg 42-Muray and Spigel Consider the function $f(s)=s^3$. Asks what value is assumed for s =1+j Its transformed. Follows: $f(1+j)=(1+j)^3=(1+j)(1+j)(1+j)=(2+2j)(1+j)=4(1+j)$ (8). Problem Given two constants u and v = c1 = c2, straight lines of the plane w (s) = s2 for the values for c1 = 2.4, -2, 4, c2 = 2.4, 2, -4. 2 Then hyper-bolus equilateral: $u=x^2-y^2$ (9), $v=2xy$ (10) orthogonal. **[d] Application. The Fig-Am1** shows the roots of unity 1. For roots for n = 6. We use the form $X=1e^{(n:i)j\Phi}$ that, for Φ = 0 gives xo = 1. For (De-Moivre) $j=\sqrt{-1}$

#,z1=cos60+jsin60=5+0,8660254038j #z2=cos120+j sin120=-0,5+j 0,8660254038 # z3=-1, z4=-0,5-j0,8660254038 ,z5= 0,5-j 0,8660254038j → TI-95(Texas Ist)

J. NEPERO (1550 - 1617)

DE MOIVRE (1667 - 1744)

La **Fig11** rappresenta il primo insieme di taglio della R.E. precedente. Il taglio della quale è attivato ponendo l'interruttore T7 in off line. La soluzione in corrente con il metodo simbolico è possibile scrivenm due equazioni di maglia. Si supponga che la impedenza sL_6 e le ammettenze sC_2,sC_3,sC_4 nello stato zero[(che sono funzioni di trasferimeto ingresso u(t)e uscita y(t) , in regime ci - soidale $s=\sigma +j\omega$ (a)] per t<to=0. Ora, istante inizia-ile(t_0=0),si chiude T_1 le maglie [MI],[MII].[MIII] , per t ≥=0 risultano polarizzate dall'ingresso sinusoidale

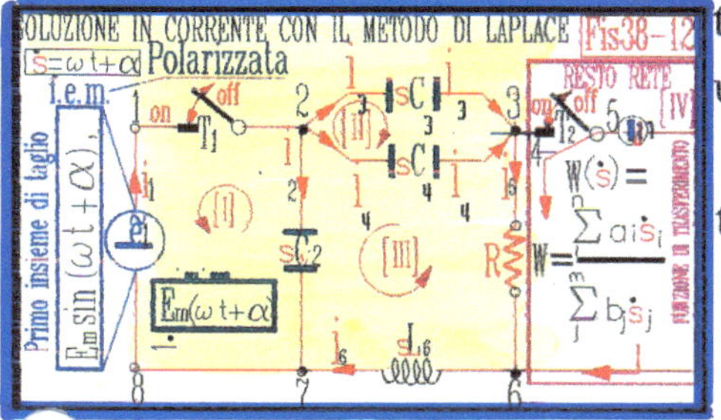

$$e_1(t)=E_m \sin(\omega t+\alpha) \;(1) \leftrightarrow e_1(s)=\frac{E_m}{R_5}\, e^{s.t} \quad (2)$$

Essendo **Em** la ampiezza del segnale di ingresso **U**(t) e ωla pulsazione a regime ed α la fase della f.e.m .(1)

[a]Le equazioni di maglia e dei nodi della R.E.Fig11

Indichiamo con $\dot{U}=U_0\, e^{st}$ (2) [Ricordando la funzione di trasferimento((5)pg-58)]possiamo scrivere le tre equazioni algebriche di maglia:

Maglia [I] : $U_0\, e^{st} + sC_2=0$ (2° **Kircchoff** (3)

Maglia [II] : $sC_2- sL_2- R_5 -sC_4=0$ " (4)

Maglia [III] : $sC_4-sC_3=0$ " (5)

Equazioni di nodo :A→ $I_1(s)-I_3(s)-I_4(s)-I_2(s)= 0$ " (6)

positive se entranti : B→ $I_3(s)+I_4(s) -I_5(s)=0$ " (7)

negative se uscenti : I → $I_5(s)-I_6(s)=0$ " (8)

Per valori discordi. : L→ $I_6(s) +I_2(s) -I_1(s)=0$ " (9)

Ricordiamo con le corrispondenze simboliche a colori non hanno significato fisico, salvo se si dichiara. Inoltre i segni ± algebrici sono positivi se la maglia, percorsa in senso antiorario e le correnti nei nodi sono entranti nei nodi, negative in senso opposto. Questo perchè è impossibile prevedere quale sia il verso da attribuire alle correnti in uscita. Allora se queste sono algebrico positivo il verso è quello supposto in caso contrario va cambiato. In breve il segno effettivo deve essere tale da soddisfare identicamente le 9 equazioni attribuito alle correnti.

The **Fig11** represents the first set of cuts of the RE previous year. The cutting of such is activated by placing the switch in T7 off line.

The solution in the current with the symbolic method is possible scrivenm two equations of knitting. Assume that the impedance sL_6 and admittances sC_2,sC_3,sC_4 in the zero state [(which are functions of trasferimeto input u (t) andoutput y (t), in regime cisoidal $s = \sigma + j\omega$ (a)] for t <to = 0. If time, start time, to = 0. close T_E and T_1 meshes **[MI], [MII]. [MIII]**

, For t = 0 prove polarized entrance sinusoidal

$$e_1(t)=E_m \sin(\omega t+\alpha) \;(1) \leftrightarrow e_1(s)=\frac{E_m}{R_5}\, e^{s.t} \quad (2)$$

Being **Em** the amplitude of the input signal **U** (t) and ωla pulsation regime and the phase of the (1)

[a]The equations of the nodes of the mesh and REFig11 Denote by $\dot{U}=U_0\, e^{st}$ (2) [Recalling the transfer function ((5) pg-58)] we can write the three algebraic equations of mesh:

Maglia [I] : $U_0\, e^{st} + sC_2=0$ (2° **Kircchoff**) (3)

Maglia [II] : $sC_2- sL_2- R_5 -sC_4=0$ " (4)

Maglia [III] : $sC_4-sC_3=0$ " (5)

Equations of node :

Recall with matches symbolic color have no physical meaning,unless you declare it.

A→ $I_1(s)-I_3(s)-I_4(s)-I_2(s)= 0$ (1° **Kircchoff**) " (6)

B → $I_3(s)+I_4(s) -I_5(s)=0$ " (7)

I → $I_5(s)-I_6(s)=0$ " (8)

L→ $I_6(s) +I_2(s) -I_1(s)=0$ " (9)

Moreover the algebraic signs are positive if the jersey, traveled counterclockwise and currents in the nodes are nodes that belong to the negative ones in the opposite direction. This is because it is impossible to predict what the to be allocated to the output currents. Then if these are positive al-gebraic the direction is that supposed to be chan - ged otherwise. such as to satisfy identically the 9 equations of the currents attribuit

KIRCHHOFF 1824-1887

[a] Introduzione La LT è particolarmente opportuna per o studio delle reti in regime **quasi stazionario.**

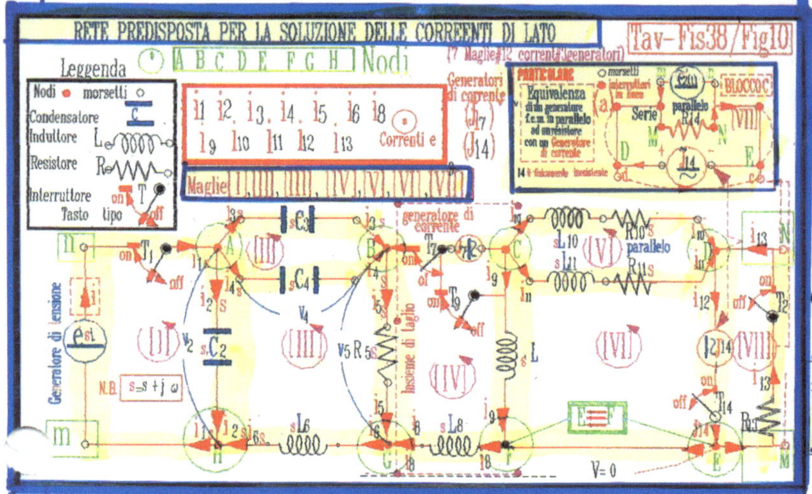

Occorre tenere presente che per **LT**[f(t)] che:

[1] I componenti sianotutti nello stato 0^- per $t<0$

Ciò significa che la matrice dei componenti della R.E.di **Fig10.Fis38**,devono soddisfare alle relazioni:

$$\#V_2(0^-)=0\#V5(0^-)=0\#V4(0^-)=0\#i_6(0^-)=0\#i_8(0^-)=0\#i_9(0^-)=0\ \#\ i_{10}(0^-)=0\ \#\ i_{12}(0-)=0\# \quad (1)$$

Questa matrice dei dati non è tuttavia sufficiente a garantire la applicazione LT ad f(t), **Fig10** Perciò si considera l'istante iniziale,quando si LT[f(t)]in to≥ 0 Quando si antitrasforma LT^-[f(s)] in f(t),nel dominio del tempo deve essere , per $t<0$, identicamente soddisfatte tutte le relazioni della matrice (1)

Per questo il calcolo operatoriale può applicarsi solo alle reti che hatto tutte le tensioni e correnti inerti o come si dice nulle per $t<0$. Consegue che devono essere rappresentate nella forma : $f(t)\delta_{-1}(t)$ per $t<0$

La risposta Y(t) per $t\geq 0$, sarà ancora possibile anche quando non è a riposo per $t<0$ purchè la si ricondica alle condizioni di correnti e tensioni (1) e quindi la risposta Y(t) vale per $t\geq 0$. A pg-83 nella(8) è data la relazione uscita -ingresso ,definita come funzione di trasferimento : $\frac{Y(s)}{U(s)}=W(s)$ (2) con: $s=\sigma+j\omega$ (2_1) generalizzata ma applicabile anche per un singolo lato l_i(i=1,2,....,n) La (2) nel dominio del tempo per una rete tempo invariante e lineare ...... a seguire

KIRCHHOFF 1824-1887

SOLUTION ACCORDING TO LAPLACE | pg-85

[a] Introduction The LT is particularly opportune for the study of networks or **almost steady-state.**

Keep in mind that for **LT** [f (t)] that:

[1] The components sianotutti in state 0^- for $t<0$.

This means that the matrix of the components of R.E. **Fig10.Fis38** shall satisfy the relation ships:

$$\#V_2(0^-)=0\#V5(0^-)=0\#V4(0^-)=0\#i_6(0^-)=0\#i_8(0^-)=0\#i_9(0^-)=0\ \#\ i_{10}(0^-)=0\ \#\ i_{12}(0-)=0\# \quad (1)$$

This matrix of data is not sufficient, however, to ensure the application of LT to f (t), **Fig10** Therefore we consider the initial instant, when LT [f (t)] in to 0 When antitrasform LT^-[f (s)] in f (t), the in domain time has to be, for $t<0$, identically fulfilled all the relations of the matrix (1)

For this calculation operatorial can apply only to networks that hatto all voltages and currents inert or as we say zero for $t<0$.

Follows that must be represented in the form: $f(t)\,\delta_{-1}(t)$ for $t<0$

The response Y (t) fort≥0 0, it will still be possible even when it is at rest for $t<0$ as long as the conditions are ricondica currents and voltages (1) and then the response Y (t) holds for $t\geq 0$.

A pg-83 in (8) is given the input-output relation, $\frac{Y(s)}{U(s)}=W(s)$ (2),defined as the transfer function:

with: $s=\sigma+j\omega$ (2_1) generalized but also applicable to a single side l_i (i = 1,2, ..., n)

(2) in the time domain for a network time-invariant and linear ...... to follow

P.S. LAPLACE 1749-1827

Riprendiamo la **Fig3-Am13** e la (b) ,cioè la funzione di trasferimento(FDT)

INGRESSO-USCITE E LA FUNZIONE DI TRASFERIMENTO Am13-Fig2

$$Y_o(t)=U_o(t)\frac{\sum_{i=0}^{m} b_i s}{\sum_{i=0}^{n} a_i s}=U_o(t)\frac{b_m s^m+b_{m-1}s^{m-1}+\dots+b_1 s+b_0}{a_n s^n+a_{n-1}s^{n-1}+\dots+a_1 s+a_0} \quad (a)$$

LA FUNZIONE DI TRASFERIMENTO

Yo(t)(Ingresso) Uo(t)(Uscita) $$\frac{Y_o(s)}{U_o(s)}=W(s)=\frac{b_m s^m+b_{m-1}s^{m-1}+\dots+b_1 s+b_0}{a_n s^n+a_{n-1}s^{n-1}+\dots+a_1 s+a_0} \quad (b)$$

Si dimostra che se la rete è lineare,tempo invariante con un solo ingresso,un generatore u(t)ideale e ci interessi una sola uscita è possibile esprimere la relazione (a) nella forma : $\sum_{i=0}^{n} a_i\frac{d^i y(t)}{dt^i}=\sum_{i=0}^{m} b_i\frac{d^i u(t)}{dt^i}$ **(A)**

[a]Ricordiamo che f(s)è la **LT** della[f(t)] se le equazioni : $f(0^-)=0,\ \frac{df(t)}{dt}\Big|_{t=0^-}=0,..,\ \frac{d^{n-1}f(t)}{dt^{n-1}}\Big|_{t=0^-}=0$ (1)sono tutte nulle per t<0. Allora per $t\geq 0$ la f(t) lineare è **Laplace traformabile** .Quindi si può scrivere la relazione : $\mathbf{LT}[\frac{f^n(t)}{dt^n}]=s^n f(s)$ (2) La **Fig3-Am13**

	TRASFORMATE DI LAPLACE ELEMENTARI LT[f(t)]	Am13-Fig3	LT[f(t)]=f(s)	
1	f(t)	1	[1]	$\frac{1}{s}$	s>0
2	"	t	[t]	$\frac{1}{s^2}$	s>0
3	"	t^n	$[t^n]$	$\frac{n!}{s^{n+1}}$	s>0
4	"	e^{at}	$[e^{at}]$	$\frac{1}{s-a}$	s>a
5	"	sin(ta)	[sin(ta)]	$\frac{a}{s^2+a^2}$	s>a
6	"	cos(ta)	[cos(ta)]	$\frac{s}{s^2+a^2}$	s>0
7	"	sinh(ta)	[sinh(ta)]	$\frac{a}{s^2-a^2}$	s>|a|
8	"	cosh(ta)	[cosh(ta)]	$\frac{s}{s^2-a^2}$	s>|a|

mostra alcune delle più usate traformate di **Laplace** . Si può inversamente, operare la operazione della antitrasformata di **Laplace** che si formalizza con : $\mathbf{LT}^{-}$[f(s)]=f(t) (3) che corrisponde alla **trasformata** di **Laplace** che si scrive:**LT**[f(t)]=f(s)(4)

[b] Definizione di Laplace trasformata. Si esprime in forma di integrale definito nell'intervallo [0<t< ∞]

$$f(s)=\int_0^\infty e^{-st}f(t)dt \ (5)\ ,\quad f(t)=\frac{1}{j2\pi}\int_{a-j\infty}^{a+j\infty} f(s)e^{st}dt \ (6)$$

La (5) se la assegnata f(t) soddisfa la (1) ,cioè $f(0^-)=0$ per t<0 ed è continua e asintotica , converge alla (4) per valori di $s=\sigma+j\omega$ se la σ assume valori negativi La(6) è l'antitrasformata della (5)e la integrazione va fatta rispetto ad una retta costante purchè appartenga al dominio di convergenza .Questi integrali presentano difficoltà risolutive per questo sono state costruite delle tavole tipo Fig3. Si costata che la semplice f(t)=1 usando la (5) , differenziando e^{st} : $de^{-st}=-se^{-st}dt$ conduce a : $f(s)=\frac{-1}{s}\int_0^\infty de^{-st}=\frac{-1}{s}[|e^{-st}|_0^\infty]=\frac{-1}{s}(0-1)=\frac{1}{s}$, s >0

Perciò all'occorrenza useremo le tabulazioni

Resume the **Fig3-AM13** and **(b)**, ie, the **transfer function** (FDT) It is shown that if the network is linear, time invariant with a single input, a generator u (t) and ideal we are interested in only one Output & can express the relation (a) in the form: $\sum_{i=0}^{n} a_i\frac{d^i y(t)}{dt^i}=\sum_{i=0}^{m} b_i\frac{d^i u(t)}{dt^i}$ **(A)**

[a] Recall that f (s) is the **Laplace** trasformata LT [f (t)] If $f(0^-)=0,\ \frac{df(t)}{dt}\Big|_{t=0^-}=0,..,\ \frac{d^{n-1}f(t)}{dt^{n-1}}\Big|_{t=0^-}=0$ (1) are all zero for t <0. Then for t 0 f (t) is linear **Laplace traformabile.** So you can write the equation: $LT[\frac{f^n(t)}{dt^n}]=s^n f(s)$ (2) **Fig3-AM13** shows some of the most used Laplace transforms. It can, iversamente, operate the operation of antifrasformata of **Laplace** that formalizes with: LT^{-}[f (s)] = f (t) (3) that corresponds to the Laplace transform of which is written as: LT [f (t)] = f (s) (4)

[b] Definition of Laplace transform.

It is expressed in the form of the definite integral in the interval [0 <t <]

$$f(s)=\int_0^\infty e^{-st}f(t)dt \ (5)\ ,\quad f(t)=\frac{1}{j2\pi}\int_{a-j\infty}^{a+j\infty} f(s)e^{st}dt \ (6)$$

The (5) if the assigned f (t) satisfies (1), that is, $f(0^-)=0$ for t <0 and is continuous and asymptotic, converges to (4), for values of $s=\sigma+jw$ if s assumes negative values La (6) is the inverse of (5) and the integration must be done with respect to a straight line as long as they belong to the constant domain of convergence. These integrals have difficulty resolutive for this were built of-the plates type Fig3. It is found that the simple f (t) = 1 using (5), differentiating the e^{st}: $de^{st}=-s\,e^{st}dt$ leads to $f(s)=\frac{-1}{s}\int_0^\infty de^{-st}=\frac{-1}{s}[|e^{-st}|_0^\infty]=\frac{-1}{s}(0-1)=\frac{1}{s}$, s >0

Therefore, if necessary we will use tabs

[A] LAPLACE INTEGRABILE Fig5-Te29

[a] Si vuol sapare la uscita $V_3(t)$ conoscendo i dati :

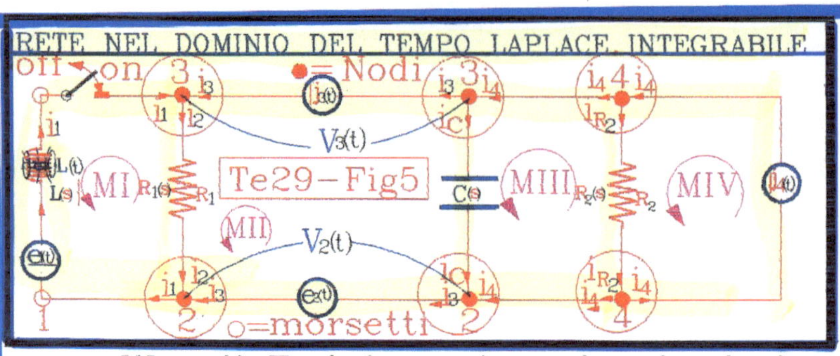

RETE NEL DOMINIO DEL TEMPO LAPLACE INTEGRABILE

[1]: $e_1(t)=E_1 \sin(\omega_1.t+\alpha_1)$,essendo ω_1 la pulsazione della f.e.m. dell'ingresso nella prima maglia MI la α la fase e la ampiezza o modulo E1(la rete è supposta nello stato zero per t<0)**[2]:** $e_2(t)=E_2 \sin(\omega_2.t+\alpha_2)$. Per i generatori di corrente(fisicamente inesistenti ma posta una f.e.m. in parallelo ad un resistore funzionano virtualmente come generatori)definiti :

[3] : $J_3(t)=I_3\, e^{\sigma 3t} \sin(\omega_3 t+\alpha_3)$ con σ=costante

[4] : $J_4(t)=I_4\, e^{\sigma 4t} \sin(\omega_4 t+\alpha_4)$ con σ=costante

[B]Procedimento di calcolo . Da $V_3(s)=LT^{-}[V_3(t)]$ e dagli ingressi **LT**: $E_1(s), E_2(s), J_3(s), J_4(t)$ data la linearità della rete(bipoli passivi lineari e generatori ideali) Per il "**Principio della sovrapposizione degli effetti**(**correnti di uscita**),si può scrivere per ingressi in tensione le funzioni di trasferimento dal dominio del tempo t alla frequenza generalizzata complessa in tempo virtuale $s=\sigma+j\omega$.

[C] La funzione di trasferimento e ingresso -uscita

Scriviamo i rapporti di connessione F.T.(W(s) agli ingressi-uscite delle **f.e.m**.dei generatori $E(s)\leftrightarrow E(t)$

Ad esempio: $y(t)=u(t)w(t) \leftrightarrow V_{31}(s)=E_1(s)W_{31}(s)$:

$$\frac{V_{31}(s)}{E_1(s)}=\frac{V_{31}(t)}{E_1(t)}=W_{31}(s) \quad (1),\qquad \frac{V_{32}(s)}{E_2(s)}=\frac{V_{32}(t)}{E_2(t)}\,W_{32}(s) \quad (2)$$

$$\frac{V_{33}(s)}{J_3(s)}=\frac{V_{31}(t)}{E_1(t)}=W_{33}(s) \quad (3),\qquad \frac{V_{34}(s)}{J_4(s)}=\frac{V_{34}(t)}{E_4(t)}\,W_{33}(s) \quad (4)$$

Dato che: $V_3(s)= V_{31}(s)+V_{32}(s)+V_{33}(s)+V_{34}(s)$ (5)

Dacui: $V_3(s)=W_{31}(s)E_1(s)+W_{32}(s)E_2(s)+W_{33}(s)J_3(s)+$ $+W_{33}(s)\, J_3(s) +W_{34}(s)\, J_4(s)$ (6) . A seguire.........

[A] LAPLACE INTEGRABLE Fig5-Te29

[a] This Useful facts does the output V_3 (t) knowing the data:

[1]: $e_1(t) = E_1 \sin(\omega_1.t + \alpha_1)$, ω_1 being the pulsation of the f.e.m e1(t) in the first link in the MI and α1 the phase, and amplitude or form E_1 (the network in the state is supposed to zero for t <0) **[2]:** $e_2(t) = E_2 \sin(\omega_2.t + \alpha_2)$. For the current generators (physically non-existent but placed an emf in parallel with a resistor work virtually as generators) defined as follows:

[3] : $J_3(t)=I_3\, e^{\sigma 3t} \sin(\omega_3 t+\alpha_3)$ wich σ= costant

[4] : $J_4(t)=I_4\, e^{\sigma 4t} \sin(\omega_4 t+\alpha_4)$ con σ=costante

[B] The method of calculation

From $V_3(s)= LT^{-}[V_3(t)]$ and from the inputs **LT**: $E_1(s), E_2(s), J_3(s), J_4(t)$given the linearity of the network(passive linear dipoles and sets ideal)

For the< **Principle of superposition of the effects** (**imput tension output current**) can be written for voltage inputs transfering functions from the time domain to the frequency of generalized complex in virtual times t : $s= \sigma +j\omega$.

[C] The transfer function and input-output

Write reports conection FT (W (s) to the inputs --outputs of the generators **f.e.m**.of $E(s)\leftrightarrow E(t)$

For example:

$y(t)=u(t)w(t) \leftrightarrow V_{31}(s)=E_1(s)W_{31}(s)$:

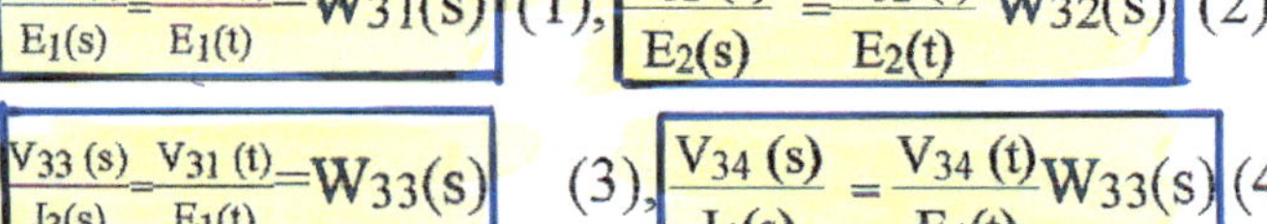

$$\frac{V_{31}(s)}{E_1(s)}=\frac{V_{31}(t)}{E_1(t)}=W_{31}(s) \quad (1),\qquad \frac{V_{32}(s)}{E_2(s)}=\frac{V_{32}(t)}{E_2(t)}\,W_{32}(s) \quad (2)$$

$$\frac{V_{33}(s)}{J_3(s)}=\frac{V_{31}(t)}{E_1(t)}=W_{33}(s) \quad (3),\qquad \frac{V_{34}(s)}{J_4(s)}=\frac{V_{34}(t)}{E_4(t)}\,W_{33}(s) \quad (4)$$

But : $V_3(s)= V_{31}(s)+V_{32}(s)+V_{33}(s)+V_{34}(s)$ (5)

End: $V_3(s)=W_{31}(s)E_1(s)+W_{32}(s)E_2(s)+W_{33}(s)J_3(s)+$ $+W_{33}(s)\, J_3(s) +W_{34}(s)\, J_4(s)$ (6) . ...

Continuazione .Soluzione richiesta $V_3(t)$

Occorre antitrasformare la (6) precedente. Quindi :

$$V_3(s)= W_{31}(s)E_1(s)+W_{32}(s)E_2(s)+W_{33}(s)J_3(s)+ .... + W_{44}(s)J_4(s) \quad ((6))$$

da cui antitrasformando si ha:

$$V_3(t)=LT^{-}[V_3(s)] = {}^{-}[W_{31}(s)E_1(s)+W_{32}(s)E_2(s)+ .....+W_{33}(s)J_3(s)+W_{44}(s)J_4(s)] \quad ((7))$$

[C] Particolarizziamo le singole antitrasformate.

Si ponga $W\lambda i$ la F.di T. , con λ relativa all'uscita ed i all'ingresso preso in considerazione. Per $W_{31}(s)$ si usino i versi indicati nella rispettiva maglia e si esludano i generatori di corrente e gli $Ei(s)\neq E_1(s)$. Dopo ciò la rete di Fig6-Te29 mostra la soppressione dei generatori di corrente e che la sola maglia MI è polarizata. Quindi si può scrivere maglia m_1: 2° Kirkkoff:

$$V_{31}(s)=-E_1(s)+sLi_L(s)+ R_1i_R(s)=0 \quad (1) .$$

1° Kircchoff .Nodo 3 : $i_L(s)=i_{R1}(s)$ (2) ; Nodo 2 $i_C(s)=i_{R2}(s)=0$ (3) . La (1) tenuto conto della (2) si riscrive in forma: $V_{31}(s)=-E_1(s)+sLi(s)+R_1i(s)=0$ (1_1)

.Esplicitanto la corrente di maglia m_1 si ottiene: $i(s)=\frac{E_1}{R_1+sL}$ (4) .Quindi: $V_{31}(s)=\frac{R_1E_1(s)}{R_1+sL}$ da cui la F.di.T .... $\rightarrow W_{31}(s) = \frac{R_1}{L}\frac{1}{(R_1{:}L)}$ (5) che presenta un polo per L=0 . Allora : $V_{31}(s) =\frac{R_1E_1}{R_1+sL}$ (6),dalla quale:

$$W_{31}(s) = \frac{V_{31}(s)}{E_1(s)} = \frac{R_1}{R_1+sL} = 1/(1+s(L{:}R_1) \quad (7)$$

F.di T. con polo in R_1 .Allo scopo di predisporre la (7) per l'antitrasformazione riscriviamo la stessa nella forma equivalente. Allora posta((2) pg-56)la equivalenza $(R/L=\sigma)$si può scrivere: $W_{31}(s)=\frac{V_{31}(s)}{E_1(s)}=\frac{R_1}{R_1+sL}=\frac{1}{1+s{:}\sigma_1}$ (8) essendo $\sigma_1=R_1/L$.

Quindi: $V_{31}(s)=E_1(s)W_{31}(s)=LT^{-}[V_{31}(s)] =V_{31}(t)$ (9)

La funzione di trasferimento$W_{32}(s)$ dell'ingresso $e_2(t)$ vale : $W_{32}(s)=\frac{V_{32}(s)}{E_2(s)}$ (10) dato che : $V_{32}(s)=E_2(s)$ si deduce che la uscita $V_{32}(s)$ non è eccitata dalla $e_2(t)$ per nessuna frequenza naturale dell rete. Nella maglia II il generator di corrente $J_3(t)$. La $W_{33}(s)$ relativa alla uscita$V_{33}(t)$ .I° K. Nodo N_1 : $J_3(s)+i_L(s)+i_{R1}(s)=0$ (1_1) Nodo N_2 : $J_3(s)+iC(s)-i_{R2}(s)=0$ (1_2).Per le maglie m_1-: $i_L(s)sL+i_{R1}(s)R_1=0$$(2_1)$- m_2:$-V_{33}(s)+i_{R1}(s)R_1+i_C(s)/sC$ (2_2) -m_3: $i_C(s)/sC + i_{R2}(s) =0$ (2_3) ,con L impedenza e C ammettenza per la $i(s)$

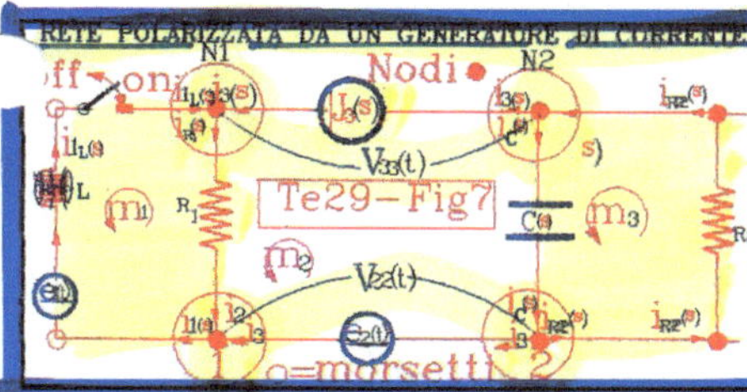

Continuation. Required Solution $V_3(t)$

It is the antitrasformare (6) above. then:

$$V_3(s)= W_{31}(s)E_1(s)+W_{32}(s)E_2(s)+W_{33}(s)J_3(s)+ ... ..+W_{44}(s)J_4(s) \quad ((6))$$

from which it has antitrasforming: $V_3(t)=LT^{-}[V3 (s)]=- [W_{31}(s) E_1(s)+W_{32} (s)+ E_2 (s) W_{33} (s) J_3 (s) +W_{44} (s) J_4 (s)]$ ((7))

[C] Particolarizziamo the individual inverses.

Marked wich $W\lambda i$ the Functio of transfer , with the relative a autput-imput , and entrance taken into consideration. For W_{31} (s) it uses verses indicatec in respective mesh and esludano the current generators and $Ei (s)\neq E_1(s)$. After that the network of Fig6-Te29 shows the suppression of the current generators and that the only mesh m_1 is polarized Therefore one can write mesh : 2° Kircchoff:

$$V_{31}(s)=-E_1(s)+sLi_L(s)+ R_1i_R(s)=0 \quad (1) .$$

1°Kircchoff. Node 3: $i_L(s) = i_{R1} (s)$ (2) of Node 2. $i_C(s)=i_{R2}(s)=0$ (3). The(1)in view of(2) can be rewritten : $V_{31}(s)=-E_1(s)+sLi(s)+R_1i(s)=0$ (1_1)

Explicit the loop current of mesch m_1 is obtained: $i(s) = \frac{E_1}{R_1+sL}$ (4) .Then: $V_{31}(s)=\frac{R_1E_1(s)}{R_1+sL}$ The F.di.T $W_{31}(s) = \frac{R_1}{L}\frac{1}{(R_1{:}L)}$ (5) wich has a pole for L = 0. Then: $V_{31}(s) =\frac{R_1E_1}{R_1+sL}$ (6) and

$$W_{31}(s) = \frac{V_{31}(s)}{E_1(s)} = \frac{R_1}{R_1+sL} = 1/(1+s(L{:}R1)) \quad (7)$$

F.of T. with pole in R1. In order to prepare the (7) for the Inverse Laplace rirewritten the same in the for-but equivalent then e ((2) pg-56) the form $(R/L= \sigma)$ can be written: $W_{31}(s)=\frac{V_{31}(s)}{E_1(s)}=\frac{R_1}{R_1+sL}=\frac{1}{1+s{:}\sigma_1}$ (8) ,wich $\sigma_1=R_1/L$

So: $V_{31} (s)=E_1(s)W_{31}(s)=LT^{-}[V_{31}(s)]=V_{31}(t)$ (9)

The function of trasfer W_{32} (s) of the input e_2 (t) applies: $W_{32} (s) =\frac{V_{32}(s)}{E_2(s)}$ (10) as: V_{32} (s) = E2 (s) it follows that the output V32 (s) is not excited by e2 (t) for any natura frequency of the network. The mesh II the generator curren J3 (t). La W_{33} (s) relative to the uscita$V_{33}(t)$. I°K. Node N_1: $J_3(s)+i_L(s)+i_{R1}(s)=0$ (1_1) , Node N_2: $J_3(s)+iC(s)-i_{R2}(s)=0$ (1_2). For the mesh :

m_1: $i_L (s)sL+i_{R1}(s)R_1=0$ (2_1)

m_2: $V_{33}(s)+i_{R1}(s)R_1+i_C(s)/sC$ (2_2)

m_3: $i_C(s)/sC + i_{R2}(s) =0$ (2_3) , wich impedance L and admitance C for the $i(s)$ autput

Continuazione .Soluzione richiesta V3(t) pg-89

Per la soluzione della V3(t) riprendiamo la sua f.d.t (funzione di trasferiemento) $W_{33}(s)$. Nelle rappresentazioni grafiche abbiamo usato i colori che, in certa misura, sono stati poi riprodotti nel testo. Salvo avviso contrario nel seguito nel testo salvo eccezioni non ne faremo uso.

[a]Soluzione della V3(t) con il metodo differenziale

Dalla equazione di maglia (indicando con i la corrente)

#$V_{33}(s)=R_1 i_{R1}(s)+\frac{i_C(s)}{sC}$ (1) # $i_{R1}(s)=-s\frac{L}{R_1}i_L(s)$ (2)#

#$i_L(s)=i_{R1}(s)-J_3(s)$ (3)# $i_{R1}(s)R_1=-sL(i_{R1}(s)-J_3(s))$ (4) #

$i_{R1}(s)=\frac{sL}{R_1+sL}J_3(s)$ (5) # $i_C(s)=J_3(s)+i_{R2}(s)$ (6)#

$i_{R2}(s)=-\frac{i_C(s)}{R_2Cs}$ (7) # $i_C(s)=\frac{sCR_2}{1+sCR_2}J_3(s)$ (8)

Allora sostituendo nella(1) la (5) e la (8):

$$V_{33}(s)=R_1\frac{sL}{R_1+sL}J_3(s)+\frac{1}{sC}\frac{sCR_2}{1+sCR_2}J_3(s) \quad (9)$$

Dalla(9),ingresso $U(s)=J_3(s)$ si deduce, dalla f.d.t.

$W(s)=\frac{Y(s)}{U(s)}$, $W_{33}(s)=\frac{W_{33}(s)}{J_3(s)}=\frac{R_1sL}{R_1+sL}+\frac{R_2}{1+sCR_2}$. Quindi:

la f.d.t : $W_{33}(s)=\frac{R_1sL(1+sCR_2)+R_2(R_1+sL)}{(R_1+sL)(1+sCR_2)}$ (10) in frequenza generalizzata $s=\sigma+j\omega$ (a) della rete imposta dall' ingresso $J_3(s)\equiv U(s)$ .Rispettivamente: $\sigma=-\frac{R_1}{L}$ (b) e $\tau=-\frac{1}{sC}$ (c). Questo accade sempre quando la f.d.t. W(s) ha grado uguale alle variabili di stato ,cioè quando :$nL+nC=1+1=2$ (d) .

[b] Il procedimento di soluzioni differenziali

Nel caso (d) si può dal denominatore della (10) estrarre la equazione differenziale relativa all'uscita dato che la soluzione in uscita $y(t)=y_o(t)+y_p(t)$ (11).Caso (10) dal denominatore si trae la $y_o(t)$ omogenea associata.Con la antitrasformata di **Laplace** si procede nel modo:

$$LT^-[(R_1+sL)(1+sCR_2)]=LT^-[R_1+sR_1R_2+sL+s^2R_2LC]= = LT^-[R_2LCs^2+(L+R_1R_2)s+R_1]=LCR_2\frac{d^2V_3(t)}{dt^3}+ +(L+R_1.R_2C)\frac{dV_3(t)}{dt}+V_3(t)R_1=0$$

(12) in tempo reale

Continuation. Required Solution V3 (t) pg-89

For the solution of V3 (t) resume its transfer function (function transfer rate) $W_{33}(s)$. The graphic representations we have used colors that, to some extent, they were then re-produced in the text. Unless otherwise instructed in the following exceptions in the text we will not use.

[a]solution of V3(t)from the differential equation

by the method of mesh (pointing with the current)

#$V_{33}(s)=R_1 i_{R1}(s)+\frac{i_C(s)}{sC}$ (1) # $i_{R1}(s)=-s\frac{L}{R_1}i_L(s)$ (2)# #$i_L(s)=i_{R1}(s)-J_3(s)$ (3)#

#$i_{R1}(s)R_1=-sL(i_{R1}(s)-J_3(s))$ (4) #

$i_{R1}(s)=\frac{sL}{R_1+sL}J_3(s)$ (5) # $i_C(s)=J_3(s)+i_{R2}(s)$ (6)#

$i_{R2}(s)=-\frac{i_C(s)}{R_2Cs}$ (7) # $i_C(s)=\frac{sCR_2}{1+sCR_2}J_3(s)$ (8)

Then substituting in (1) (5) and (8):

$$V_{33}(s)=R_1\frac{sL}{R_1+sL}J_3(s)+\frac{1}{sC}\frac{sCR_2}{1+sCR_2}J_3(s) \quad (9)$$

From (9), input $U(s)=J_3(s)$ can be deduced from the transfer function

$W(s)=\frac{Y(s)}{U(s)}$, $W_{33}(s)=\frac{W_{33}(s)}{J_3(s)}=\frac{R_1sL}{R_1+sL}+\frac{R_2}{1+sCR_2}$. Then

the f.d.t: $W_{33}(s)=\frac{R_1sL(1+sCR_2)+R_2(R_1+sL)}{(R_1+sL)(1+sCR_2)}$ (10) , in frequecy generalized $s=\sigma+j\omega$ (a) the network sets from input $J_3(s)\equiv U(s)$. Respectively: $\sigma=-\frac{R_1}{L}$ (b) and $\sigma=-\frac{1}{sC}$ (c). This always happens when the f.d.t. W(s) has degree equal to the state variables, when : $nL+nC=1+1=2$ (d).

[b] The procedure of differential solutions

In case (d) can be from the denominator of (10) to extract the differential equation relating the output given that the solution output $y(t)=y_o(t)+y_p(t)$(11) Case (10) by the denominator draws $y_o(t)$ homogeneous associata.Con the inverse Laplace transform, proceed as follows:

$$LT^-[(R_1+sL)(1+SCR_2)]=LT^-[R_1+sR_1R_2+sL+s^2R_2LC]=LT^-[R_2LCs^2+(L+R_1R_2)s+R_1]=LCR_2\frac{d^2V_3(t)}{dt^3}+(L+R_1.R_2C)\frac{dV_3(t)}{dt}+V_3(t)R_1=0$$

(12) in real time

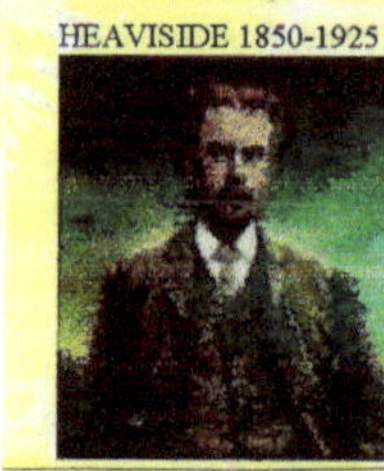
HEAVISIDE 1850-1925

LA SOLUZIONE DELLA OMOGENEA $V_{o3}(t)$ pg-90

Per la soluzione della $V_{33}(t)$ riprendiamo la equazione

$$LCR_2 \frac{d^2V_3(t)}{dt^3} + (L+R_1.R_2C)\frac{dV_3(t)}{dt} + V_3(t)\,R_1=0 \quad (12)$$

Per semplificare il procedimento si assumono le equivalenze :$LCR_2=a$, $(L+R_1.R_2C)=b$, $R_1=c$

Le derivate e la funzione incognita $V_3(t)$ si indicheranno con V_3'' , V_3' ,V_3 , da introdurre in sostituzione nella (12). Si ottiene la : $aV_3'' + bV_3' +c\,V_3=0$ (1)

Si tratta di una equazione differenziale del secondo ordine omogenea e completa a coefficienti costanti

La teoria insegna che la soluzione viene ricondotta ad una equazione algebrica caratteristica di secondo grado, soddisfatta da 2 radici (autovalori) λ (analogo(1) pg-50) di equazione algebrica : $a\lambda^2 + b\lambda +c =0$ (2).

Gli autovalori soddisfacenti la (2) sono due.

Poniamo λ_1 e λ_2 , dipendenti dalle costanti a,b,c sopra qualificate. La analisi si basa sul T.F.A. e sul discriminante $\Delta=b^2-4ac<=>0$(3) della V3(t), supposta periodica Allora le soluzioni λ_1 e λ_2 devono soddisfare la (2) , essendo i coefficienti positivi, quindi : $\Delta=b^2-4ac<0$ (4) D'altra parte la equazione (2) è fattorizzabile in formato razionale: $a\lambda^2 +b\lambda+c=a(\lambda-\lambda_1)(\lambda-\lambda_2)=0$ (5)

Consegue che gli autovalori λ_1 e λ_2 sono complessi coniugati . Definiti dalla corrispondenza:

$$\lambda_1=\frac{-b+j\sqrt{4ac-b^2}}{2a} \equiv \frac{-(L+R_1R_2C)+j\sqrt{4LCR_2-(L+R_1R_2C)^2}}{2LCR_2} \quad (6)$$

$$\lambda_2=\frac{-b-j\sqrt{4ac-b^2}}{2a} \equiv \frac{-(L+R_1R_2C)-j\sqrt{4LCR_2-(L+R_1R_2C)^2}}{2LCR_2} \quad (7)$$

A questo punto le soluzioni della V3(t) sono esprimibili, secondo la teoria delle equazioni differenziali ,da 2 integrali in forma esponenziale : $e^{j\lambda 1t}$ e $e^{j\lambda 2t}$

Sommando gli integrali complessi coniugati(la somma è reale) : $V_3(t)= V_{1o}\, e^{j\lambda 1t} + V_{2o}\, e^{j\lambda 2t}$ (8) Le costanti V_{1o} e V_{2o} sono definite dal valore iniziale di $V_{33}(t)$univoco.Quindi: $V_3(t)=V_o\,(e^{j\lambda 1t} + e^{j\lambda 2t})$ (10)

La (6) e la (7) sono coniugate e la loro somma è reale quindi : $V_{33}(t)=I_o\,(L+R_1.R_2.C)\sin(\omega_3.t+\phi_3)$ (11)

essendo ϕ_3 la fase

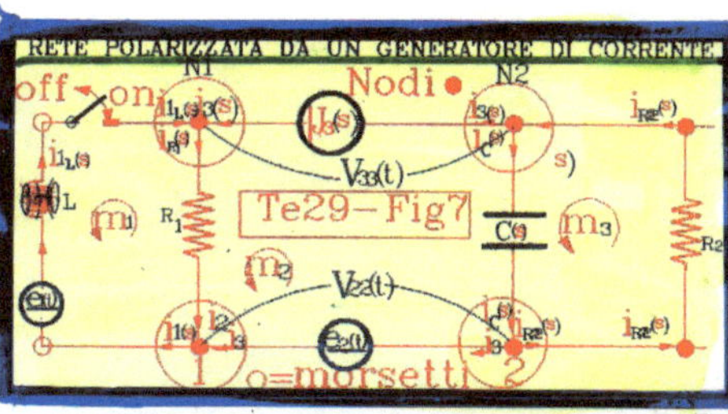

THE SOLUTION OF THE UNIFORM $V_{o3}(t)$ pg-90

For the solution of V33 (t) we take the equation

$$LCR_2 \frac{d^2V_3(t)}{dt^3} + (L+R_1.R_2C)\frac{dV_3(t)}{dt} + V_3(t)\,R_1=0 \quad (12)$$

To simplify the procedure is taking the equivalent values: $LCR_2 = a$, $(L + R_1.R_2C) = b$, $R_1 = c$

The derivatives and the unknown function $V_3(t)$ to are with V_3'',V_3', V_3, to be introduced by substitution in(12).You get: $aV_3''+bV_3'+V_3+c=0$ (1)

Is a differential equation of the second ordre uniform and complete with constant coefficients

The theory teaches that the solution is reduced to a characteristic algebraic equation of the second degree, satisfied by 2 root (eigenvalues) λ (similar (1) pg-50) of algebraic equation: $a\lambda^2+b\lambda+c=0$ (2)

The eigenvalues satisfying the (2) are two.

Let λ_1 and λ_2 , dependent on the constants a, b,c above qualified. The analysis is based on T.F.A. and on the discriminant $\Delta = b^2-4ac<=>0$ (3) of the V3 (t), suposed periodic Then the solutions $\lambda_1$and λ_2 must satisfy the(2),the coefficients being positive,then: $\Delta = b^2-4ac<0$ (4) On the other hand the equation (2) is factored in rational format: $a\lambda^2+b\lambda+c=a(\lambda-\lambda_1)(\lambda-\lambda_2)=0$ (5) . The ensuing eigenvalues λ_1 and λ_2(are complex conjugates).Defined for correspondance

$$\lambda_1=\frac{-b+j\sqrt{4ac-b^2}}{2a} \equiv \frac{-(L+R_1R_2C)+j\sqrt{4LCR_2-(L+R_1R_2C)^2}}{2LCR_2} \quad (6)$$

$$\lambda_2=\frac{-b-j\sqrt{4ac-b^2}}{2a} \equiv \frac{-(L+R_1R_2C)-j\sqrt{4LCR_2-(L+R_1R_2C)^2}}{2LCR_2} \quad (7)$$

At this point the solution of V3 (t) are epressed in according to the theory of differential equation wich 2 integrals in exponential form: $e^{j\lambda 1t}$ and e^{jl2t} summing the integrals complex conjugate (the sum is real): $V_3(t) = V_{1o}\, e^{j\lambda 1t} + V_{2o}\, e^{j l2t}$ (8)

The cos-many V_{1o} and V_{2o} are defined by the initial value of V_{33} (t) univoco.Quindi.

$V_3(t)= V_o\,(e^{j\lambda 1t} + e^{j\lambda 2t})$ (10) The (6) and the (7) are coniugated and their sum is real then:

$V_{33}(t)=I_o(L+R_1.R_2.C)\sin(\omega_3.t+\phi_3)$ (11)

Questo capitolo introduce le reti elettriche già viste e mantine sostanzialmente la loro struttura rappresentata in **Fig 1-FIS38**. Ma differisce profondamente per i componenti costitutivi. Si noti che non compare la induttanza **L** dei sistemi cosidetti logici RCL. Questo esclude la trasmissione nel vuoto dei campi {k̄,ħ } Generatori di tensione e di corrente a parte sono presenti condensatori variabili e resistori, anche se ciò non esclude un collegamento in **uscita** con i sistemi logici **RCL**. Come si può costatare i condensatori sono espressi in pF[10^{-9} Farad(in onore di **Faraday** teorizzatore del campo magnetico)] Questo è indicativo che la sperimentazione è specifica della microelettronica con frequenze di MHz ed oltre,presenti nei compiuter e nei segnali video dei TV. Dove si presenta alle più alte frequenze una distorsione e quindi eccitate da grandezze sinusoidali . Gli amplificatori possono essere sia in frequenza che in potenza e sono suddivisi in classi a seconda dell'uso.Amplificano in corrente di nodo tensioni di maglie,generatori e quant'altro, però si distingue per l'aggiunta di reti strutturali su supporto stampato, Innnovativi nei componenti dei circuiti logici delle porte AND,NOT,OR,**Fig-9**. Lavvento dei semiconduttori ha consentito alla tecnlogia di creare dei microcircuiti per le alte frequenze usate per ottenere dei dispositivi per le più svariate applicazioni. Dalla astrofisica con i **CCD** e le rilevazione dei pixel (element pictures) alla spettrografia con il rilevamento dei redshift dei quark ,alla bilogia per i microscopi ad alta risoluzione molecolare. Come si può osservare nella **Fig.9** sono riportate le porte logiche dei circuiti costituiti da coppie di diodi collegati fra ingresso U ed uscite A e B ripetibili inserie ed in parallelo.

This chapter introduces the electrical networks alread seen and Mantine substantially their structure represer ted in **Fig 1-FIS38**. But differ profoundly utes to the constituent components. Note that it appears the indu tance **L** of the so-called logical systems **RCL**. This excludes the trans-mission in the empty fields {k̄,ħ } Generators voltage and current are present in the variable capacitors and resistors, although this does no exclude an **outgoing** link with the systems logici **RC** As you can notice the capacitors are in pF [10-9 Fara (in honor of Faraday's magnetic field theorist)] This is indicative that the trial is speci-fication of microelectronics with frequencies MHz and above, present in compiuter and video signals of TV. Wher can I file a distortion at higher frequencies and then excited by sinusoidal. The amplifiers can be both in frequency and power and are divided into classes depending on use. Amplify current node voltages mes generators and so on, however, is distinguished by th addition of structural networks of sup-port printed, In the range of innovative components of the logic circuits of AND gates, NOT, OR, **Fig-9**. The Advent of semiconductors has enabled the technolog of choice to create microcircuits for high frequencies used to obtain devices for various applications. From astrophysics with the **CCD** and the detection of pixel (picture element) to the spectroscopy with the detectio of the redshift of the quarks, the bilogia microscopes for high-resolution molecular. As can be observed in **Fig.9** shows the logic gates of the circuits consist of pairs of diodes connected between the input U and outputs A and B repeatable inserie and parallel.

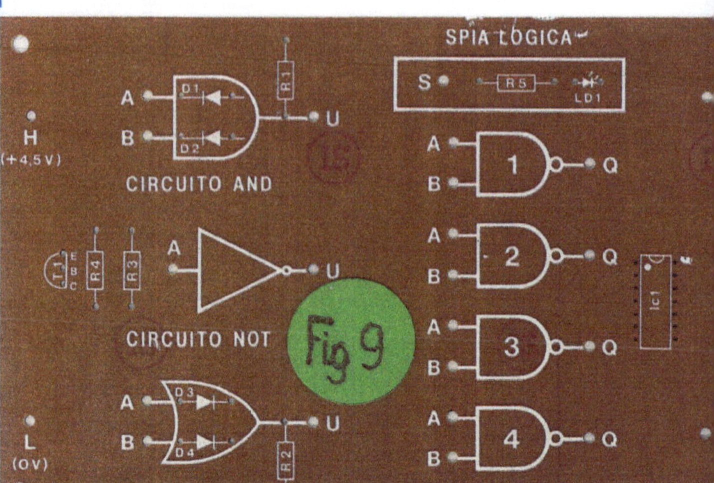

In analogia al sistema planetario solare, l'atomo particella elementare, ritenuta indivisibile dai filosofi Greci.In realtà si configura un sistema nucleo, in luogo del Sole,con i pianeti (elettroni) Ma la analogia è solo indiziaria in quanto gli elettroni di carica elettrica **q** sono, per l'atomo allo stato neutro, equilibrati dai protoni p di carica positiva . Nulla si sa di preciso sulla complessa configurazione degli atomi, nel senso posizionale poichè l'atomo è invisibile (raggio di 10^{-12} cm) e a maggior ragione gli elettroni. Tanto per precisare il concetto il Protio,isotopo dell'atomo di idrogeno ($_1H^1$) con un solo **elettrone** e **protone** è invisibile per qualunque microscopio.Lo stesso dicasi per il Nobelio $_{102}No^{150+102}$ nonostante la maggior dimensione.Ricordiamo che al microscopio si è riusciti (**Von Stradonitz**)a visualizzare la molecla gigante del benzolo ? Non stiamo parlando di pianeti ma di atomi e quindi non esiste altra strada che far riferimento allo stato energetico. Infatti un elettrone si dice stazionario se l'atomo è elettricamente neutro sicchè possiamo scrivere : Wc(t)= Cost . Ma se per iraggiamento diretto con la luce o per effetto termico si immette energia nel sistema atomo allora l'elettrone o più elettroni vengono spinti su orbite K,L,M,... emettendo la radiazione dal rosso all'ultravioletto,come mostra la **Fig52-Tee28**). In tal caso si dice che l'elettrone si trasferisce su unorbita più vicina al nucleo per cui deve aumetare la sua energia quantica in termitermini di frequenza del **rosso** (3,75.10 ^{14} Hz) e del violetto(7,5.10 ^{14}). L'atomo di **Fig52**(**Bohr**) La energia fra carica q e massa m vale: $\frac{q^2}{4\pi\varepsilon r^2}=\frac{mu^2}{r}$ (1) La energia totale,potenziale,e cinetica di massa m e potenziale è: $W=\frac{1}{2}mu^2-\frac{q^2}{4\pi\varepsilon r}$ (2),anche $W=\frac{q^2}{8\pi\varepsilon r}$ (3) Questa dà l'energia dell'elettrone in funzione del raggio r . Conclusioni assiomatiche da verificare con la esperienza

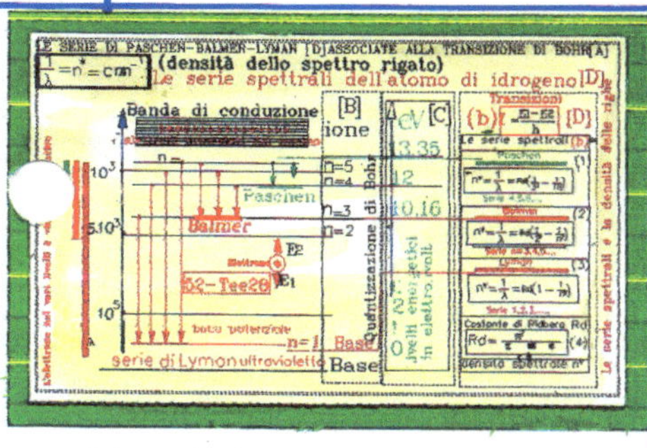

In analogy to the solar planetary system, the atom elementary particle, considered indivisible from philosophers Greci.In reality you configure a system core, in place of the Sun, the planets (electrons) But the analogy is only circumstantial as the electrons of electric charge **q** are, for the atom to the neutral state, balanced by the protons p of positive charge. Nothing is known of the precise complex configuration of the atoms in the positional sense as the atom is invisible (radius of 10^{-12} cm) and in May because the electrons. Just to clarify the concept protium isotope of the hydrogen atom ($_1H^1$) with a single electron and the proton is invisibility for any microscopio.Lo same applies to the Nobelium $_{102}No^{150+102}$ although most dimension.To remember that the microscope it was possible (**Von Stradonitz**) to display the molecla giant benzene? We are not planets but to speak of atoms and therefore there is no other way than to refer to the state energy. In fact, an electron is said stationary if the atom is electrically neutral and we can therefore write: Wc (t) = Cost. But if for iraggiamento directed with light or by thermal effect introducing energy into the system atom then the electron or more electrons are pushed out of orbits K, L, M, ... emitting radiation from the red to the ultraviolet, as shown in **Fig52-Tee28**. In this case we say that the electron moves on unorbita nearer the nucleus for which must aumetare its energy quantum in terms of frequency of **red** (3,75.10 ^{14} Hz) and violet (7,5.10 ^{14}). The **Fig52** atom (**Bohr**) energy between the charge q and mass m is: $\frac{q^2}{4\pi\varepsilon r^2}=\frac{mu^2}{r}$ (1) total energy.

Potential energy and kinetic potential of mass m is:

$$W=\frac{1}{2}mu^2-\frac{q^2}{4\pi\varepsilon r} \quad (2)$$

. Also :

$$W=\frac{q^2}{8\pi\varepsilon r} \quad (3)$$

This gives the 'energy of the electron in function of the radius r. Conclusions axiomatic to verify with the experience

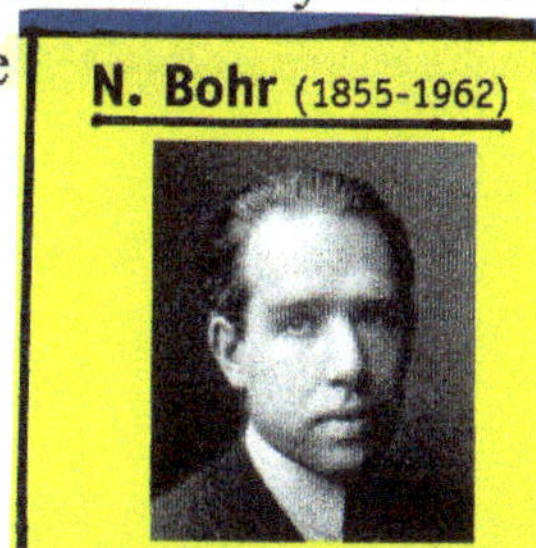
N. Bohr (1855-1962)

[a] La relazione quantica massa-energia di un atomo

La **Fig53** mostra l'atomo di idrogeno nello stato di equilibrio dinamico .Le cariche nucleo -elettrone, questo in orbita circolare ,costituiscono un micro- -universo di energia conservativa. **Bohr** ha postulato

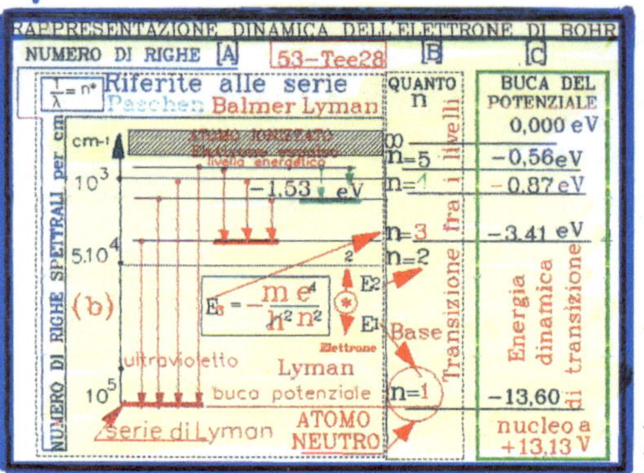

La legge delle transizioni energetiche nella forma:

$$\lambda=\frac{Ei-Ej}{h} \quad (1)$$

con Ei la energia dell'elettrone al livello maggiore rispetto a Ej. La max possibile E dell'elettrone è per $i=n=1$.

[b] Le collisioni atomi elettroni . Ionizzare un atomo significa fornire una energia all'atomo. Nel caso dell'idrogeno se l'energia incidente è di 13,6 eV l'elettrone viene espulso e l'atomo è ionizzato. In altre parole l'atomo passa dal livello **n**=1 al livello **n**→ ∞ .Si tenga presente che la energia quantizzata od impulsiva spettrale $f\lambda=\frac{c}{\lambda}$ (2) è stata dimostrata da **Max Planck** , **Fig2**. Come si può costatare all'aumentare della lunghezza d'onda la frequenza della radiazione diminuisce. Nessuno mai prima aveva pensato che la energia potesse avere una natura impulsiva cosa che Planck ha scoperto irradiando il coepo nero con lo spettro solare. Il quanto h è stato usato da A.Einstein per la formalità del fotone: [Tav-III]: $\tilde{s}(h)=h\,\frac{c}{\lambda}$ (3) , capace,se la λ di un elettrone è uguale di eccitarlo

[b] La natura fotonica della luce Sulla base della(3) in termini di frequenza dei fotoni diventa $f=c\lambda=c\,\frac{Wi-Wj}{h}$ (4) , con Wi-Wj salto di energia fra le righe quantiche n=1,2,3,........,n,....→ ∞

La(4) rappresenta la modalità della fotoeccitazione dell'atomo,assorbendo un fotone ed elevarsi da Wj a Wi Nel processo inverso emette un fotone.

N. BOHR 1885 – 1962

[a] The report quantum mass-energy of an atom

The **Fig53** shows the hydrogen atom in a state of dynamic equilibrium statement.

All charges nucleus-electron, this circular orbit, a constitutional iscono micro-universe of energy conservation. **Bohr** postulated :

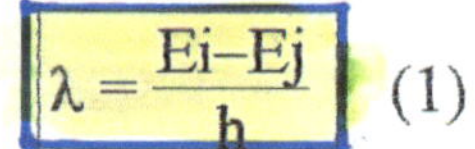

$$\lambda=\frac{Ei-Ej}{h} \quad (1)$$

The law of energy transitions in the form:

with the energy Ei of the electron to the level higher than Ej. The maximum possible E of the electron is $i=n=1$

[b] The collisions atoms electrons.

Ionize an atom means providing an energy atom. In the case of hydrogen if the incident energy is: 13.6 eV the electron is ejected and the atom is ionized.

In other words the atom goes from level **n**=1 to level **n**=∞ . Note that the quantized energy or impulsive spectral $f\lambda=\frac{c}{\lambda}$ (2) has been demonstrated by **Max Planck**, **Fig2**. As can be seen with increasing wavelength of the frequency of the radiation decreases. No one ever before had thought that the energy could have an impulsive nature which **Planck** has discovered radiating coepo black with the solar spectrum. The quantum h was used by A.Einstein for the formalization of the photon [Tav-III] : $\tilde{s}(h)=h\,\frac{c}{\lambda}$ (3), capable, if the λ of a electron is equal to excite

[b] The nature of the photonic light

On the basis of (3) in terms of the frequency of the photons becomes

$f=c\lambda=c\,\frac{Wi-Wj}{h}$ (4) , with Wi-Wj energy jump between the lines quantum n = 1,2,3, ..., n, ... → ∞

The (4) represents the mode of the photo-excitation of the atom absorbing a photon and rise from Wj to Wi

In the reverse process emits a photon.

M. PLANK

1858 – 1947

A. EINSTEIN

1879 1955

[I] La distribuzione degli elettroni

Tutti gli elettroni che hanno la stessa n(1,2,3.4) si

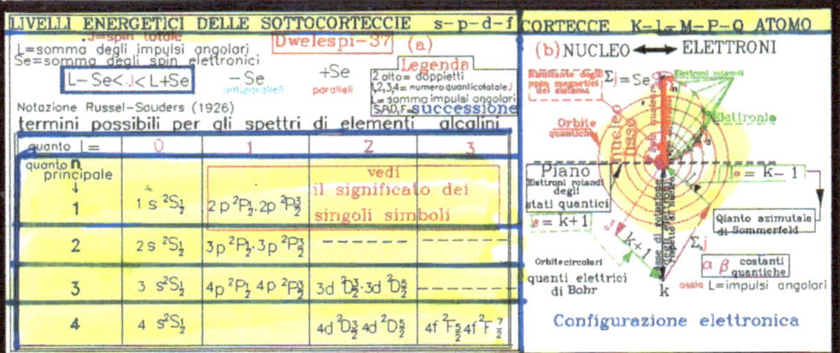

trovano sulla stessa corteccia K-L-M-N,....Questa si suddivide in sottocortecce s-p-d-f,... . Ora stante lo spazio di questa sintesi non possiamo addentrar-ci nei dettagli.Ci interessa la struttura della materia dal punto di vista elettrico

[a] Distinizione dei mezzi materiali

Distinguiamo gli isolanti,i semiconduttori ed i metalli . Un isolante e un cattivo conduttore della elettricità,al contrario un metallo è un buon conduttore. In posizione intermedia **Fig1(b)**si colloca un semi conduttore . Il diamante ,nicchia **(a)** la energia occorrente per superare la barriera è Eg=6eV che nel semiconduttore si riduce ad Eg=1eV

[b]Fenomeni di spostamento nei semiconduttori

Conosciamo la conduttività da un punto di vista del fluido degli elettroni in un conduttore ma in un semiconduttore è presemte una regione costituene una barriera per il transito degli elettroni. Con un procedimento cosidetto di drogaggio si modificano le proprietà del **s.c.** Esempio l'atomo di germanio **Fig29** drogato(iniezione) con atomi di antimonio pentavalente (**Sb Z-51 Tav-IV**)forma un legamecovalente con il germanio tetravalente. Il risultato del drogaggio è che un elettrone **n ∈ Sb** passa in conduzione, lasciando una buca di potenziale **p(lacuna)**

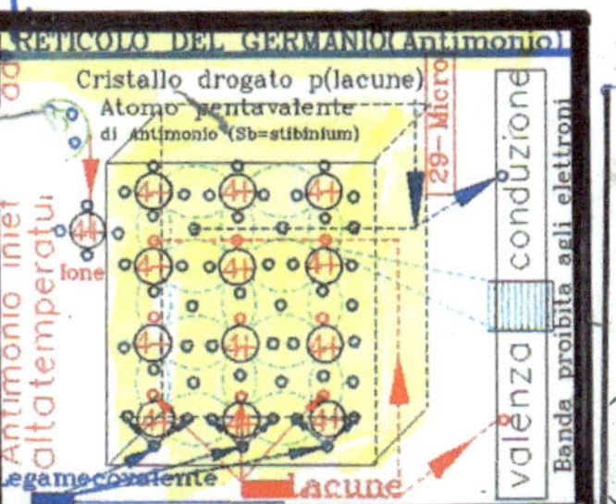

Schroedinger (1887-195
Premio Nobel (1933)

[I] The distribution of the electrons

All the electrons which have the same n (1,2,3.4) are on the same bark **K-L-M-N**, ...
This is divided into subsame bark : s-p-d-f, ...

Now separate the space of this synthesis can not addentrar-ics in particular.
Ci affects the structure of the material from the electrical point of view

[a] Distinizione of the material means

distinguish the insulators, semiconductors and metals. An insulator and a poor conductor of electricity, on the contrary a metal is a good conductor. In **Fig1** intermediate position **(b)** placing a if conductor.

The diamond, **niche (a)** the energy necessary to re-exceeds the barrier is **Eg = 6eV**.
that in the semiconductor is reduced to **Eg = 1eV**

[b] Phenomena of displacement in semiconductors

Know the conductivity from one point of view of the fluid of the electrons in a conductor but in a semiconductor is a region presemte costituene a barrier to the transit of the electrons. With a so-called doping process you change the properties of the **sc**

Example of the atom germanium doped **Fig29** (injection) with atoms of pentavalent antimony (**Sb Z-51 Tav-IV**) form a legamecovalente with the tetravalent germanium. The result of doping is that an electron **n ∈ Sb** passes into conduction, leaving a potential hole **p(lacuna)**

Niels Bhor (1885-1962)
Premio Nobel (1922)

[I] Il diodo tipo Questo s.c. è di base per lo sviluppo successivo del sistema digitale . Come si può costatare, sfrondato da ogni complicazione interattiva nucleo-elettroni . Si riassume in breve le caratteristiche essenziali. Si tratta di due cristalli uniti da una giunzione capace di creare una buca di potenziale, V_O allo stato iniziale. Il drogaggio consiste nella iniezione di atomi a diversa valenza con la conseguente generazione di lacune **p** (accettatori) e di elettroni tipo **n** (**donatori**), a loro volta iniettati. Se si polarizza il diodo si ottiene una risposta in corrente.

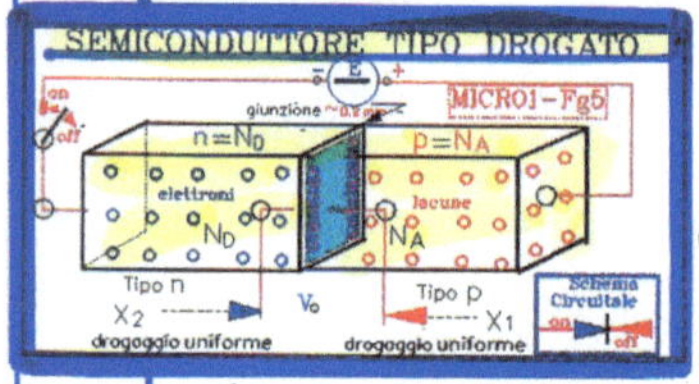

Un necessario distinguo .Rispetto alla corrente che fluisce nei componenti R-C-L connessi alla rete elettrica la corrente si inverte di verso invertendo la polarizzazione. Nel diodo drogato **p-n** e diversa dal verso del dipo **n-p**.

[a] . Alcune proprietà dei diodi

1-Densità di corrente in un diodo.Detta L la lunghezza ed N il numero degli elettroni si supponga chesia T il tempo che impiegano gli elettroni q.Si ha $I=\frac{Nq}{T}=\frac{Nqu}{L}$ (1) essendoT=Lu ,in secondi ed I in Ampere,u la velocità media di deriva in ms^{-1} .Si definisce la concentrazione elettronica nel diodo con $n=\frac{N}{AL}$ (2) Supponendo una distribuzione uniforme di n la (1) diventa : $J=nqu=\rho u$ (3)

[b] . Conduttività Dalle precedenti si ricava $J=nqu=nq\mu E=\sigma E$ (4) con σ (legge di Ohm $I=\frac{E}{R}$) che esprime la conduttività. Dalla (4) si deduce che la conduttività è proporzionale alla concentrazione n degli elettrroni liberi. In un s.c intrinseco gli elettroni di valenza non sono liberi ma intrappolati nei diodi , **Fig30-MICRO1** Il legame covalente nel germanio ed il silicio è di base nei dispositivi elettronici per la regolarità del reticolo tridimensionale e la facilità del drogaggio in banda di conduzione e di valenza

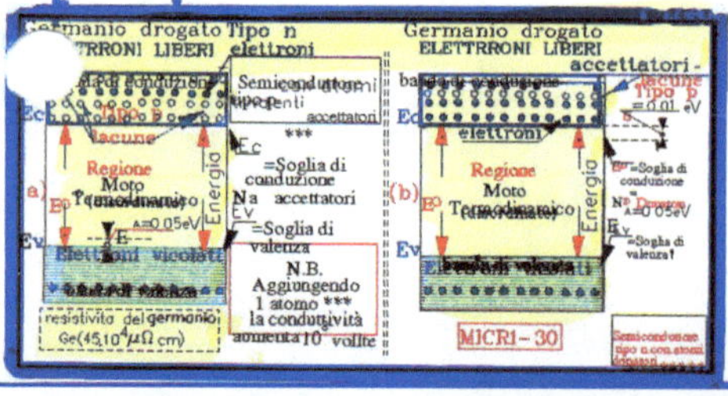

[I] The diode type

This s.c. is the basis for the development of the system digital system. As you can notice, every complication interactive sfrondatoda-core electrons. It briefly summarizes the essential characteristics.

It is two crystals joined by a ca-pace to create a potential well, **V**o the initial state. The doping consists in the injection of atoms in different valence with the consequent gen-eration of gaps **p** (**acceptors**) and of electrons **n**-type (**donors**), in turn injected. If you pola authorizes the diode you get a current response. A necessary distinction. Compared to the current flowing in the components connected to the network RCL eletrica the current is reversed by reversing the polarization towards. In doped **p-n** diode and different from the direction of the Oedipus **n-p**.

[a]. Some properties of the diodes

1-Current density in a diodo.

If the length L and N is the number of electrons suppose T the time it takes the electrons has q. Is $I=\frac{Nq}{T}=\frac{Nqu}{L}$ (1) essendoT = Lu, in seconds, and I in Ampere, u the average velocity of drift in ms^{-1}. electronics is defined as the concentration in the diode with $n=\frac{N}{AL}$ (2) Assuming a uniform distribution of the n (1) becomes: $J=nqu=\rho u$ (3)

[b]. From previous conductivity

is obtained : $J=nqu=nq\mu E=\sigma E$ (4) with σ, [($I=\frac{E}{R}$)low Ohm), which expresses the conductivity.

From (4) it follows that the conductivity is proportional to the concentration of the n electrons free. In a s.c the intrinsic electhrones valence are not free bu trapped in the diodes, **Fig30-MICRO1**

The covalent bond in germanium and silicon is the basic electrical electronic devices for the regularity of the three-dimensional lattice and the ease of doping with the conduction band and valence well

[a] caratteristica del diodo a giunzione

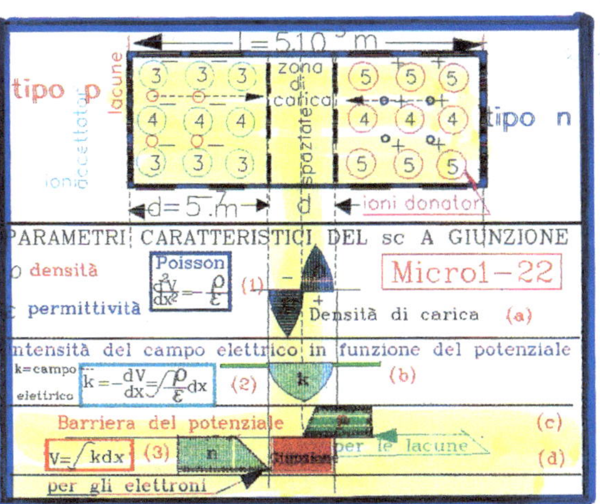

La **Fig22** mostra la giunzione **p-n** a circuito aperto . Se si iniettano da un lato, del s.c. , impurità del tipo donatore(elettroni)**n** e , nell'altro del tipo **p** si forma una giunzione. Questo stato è riportato, come densità di cariche **n-p** , nella nicchia **(a)** .Nella nicchia **(b)** è dato l'andamento cusdidale del campo elettrico $\bar{K}$, in dipendenza della densità di carica $\frac{\rho}{\varepsilon}$ inietata (**Poisson**). Sicchè integrando $\frac{d^2V}{dx^2}$ si trova il campo elettrico $\bar{K}$ (2) .De finito nei limiti della d di giunzione. Il potenziale del campo elettrico risulta : $V_O \rightarrow \int_0^d \frac{\rho}{\varepsilon} dx = E_O \equiv V_O$

[b]La giunzione p-n come dispositivo

La caratteristica fondamentale di un giunzione metallurgica **p-n** consiste nel fatto che contrasta le cariche in un verso del diodo mentre le sollecita nel verso opposto .La giunzione è quindi un dispositivo definito raddrizzatore

[c]Le polarizzazioni della giunzione p-n

Nella **Fig23-Micro1** sono riportati gli schemi rappresentativi equivalenti della giunzione ,con la corrente totale nel diodo: $I_{pn}(0)=\frac{AqD_p p_{no}}{L_p}(e^{\frac{V}{V_T}}-1)$ (3)

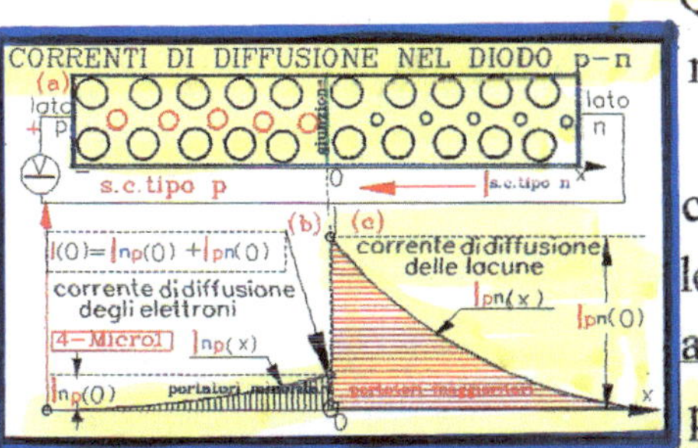

Questa è, per definizione la corrente di diffusione,nella giunzione costituta dal flusso delle lacune e gli elettroni associata alla funzione: $p_n(0)=p_{no}e^{\frac{V}{V_T}}$ (1) che esprime la concentrazione ad un estremo della regione **n** ,**Fig 4**.La(3) espressa come flusso di diffusione vale : $I_{pn}(0)=\frac{AqD_p}{L_p}(p_n(0)-p_{no})$ (2)

[a] The characteristic of the junction diode

Fig22 shows the **p-n** junction in open circuit. If you inject the one hand, the s.c. , The type donor impurities (electrons) **n** will, in the other the **p**-type is for-but a junction electrodes. this state is reported, as density of charges **n-p**, in the niche **(a)** In the niche **(b)** is given the trend cus-didale of the electric field, in dependence of the charge $\frac{\rho}{\varepsilon}$ density inietata (**Poisson**).

So that integra is the electric field $\frac{d^2V}{dx^2}$ (2). De finished within the limits of the junction. The potential of the electric field is:

$$V_O \rightarrow \int_0^d \frac{\rho}{\varepsilon} dx = E_O \equiv V_O$$

[b] The pn junction device as The fundamental

characteristic of a metallurgical **p-n** junction consists in the fact that contrasts the charges in a direction of the diode while the calls in the opposite direction. Joining is therefore a dispo-operative part defined rectifier

[c] The biases the pn junction

in **Fig23-micro1** shows the diagrams repre-sentative equivalent of the junction, with the total current in the

$$I_{pn}(0)=\frac{AqD_p p_{no}}{L_p}(e^{\frac{V}{V_T}}-1) \quad (3)$$

This is, by definition nor the current diffusion in the junction consisting of the flow-the holes and the electrons associated with the function $p_n(0)=p_n(0)=p_{no}e^{\frac{V}{V_T}}$ (1) expressing the concentration at one end of the region **n**, **Fig 4**.La (3) expressed as a flow of diffusion is:

$$I_{pn}(0)=\frac{AqD_p}{L_p}(p_n(0)-p_{no}) \quad (2)$$

[a] caratteristica di potenza del diodo Zener

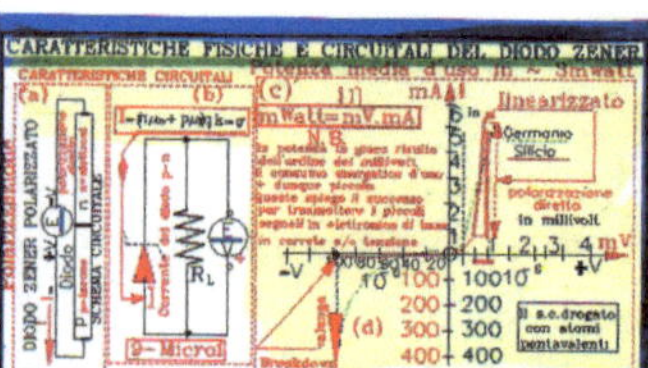

Nella Fig9 è rappresentato il diodo Zener nel circuito polarizzato E/V,nicchia (b) schema circuitale. Nella nicchia (c) la caratterisitca di potenza IV. La caratteritica di potenza è quanto mai varia. Il funzionamento in corrente è limitato dai valori della tensione applicata da ~0,5mV(ginocchio)a 1,5mV in da 1 a 6 mA Per tensioni < 0,5 la corrente si riduce a centesimi di mA fino a circa 3 mV,punto nel quale avviene il break-Dowon e conseguene rottura del cristallo.

[b] La corrente in un diodo ideale.

Se nella ((3)) si applica un tensione V in un diodo all'istante iniziale e quindi di corrente Io per un diodo ideale si ha una relazione sperimentale :

$$I(V)=I_o\left(e^{\frac{V}{\eta V_T}}-1\right) \quad (1)$$

La corrente I è poitiva quando il flusso ,nicchia (b) fluisce dal lato p al lato n. Il diodo è polarizzato direttamente se la tensione V è positiva,cioè la I fluisce dal lato p al lato n, Fig6 Il diodo è polarizzato direttamente se V + positiva ossia l'anodo del diodo è collegato al morsetto + V

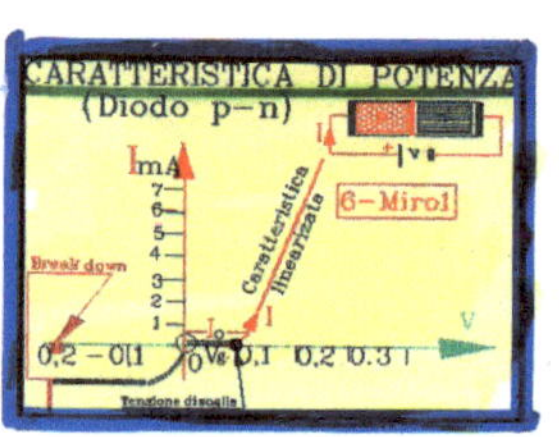

Il simbolo η =1 nel diodo Ge e η=2 nel Si per basse correnti. Infine la V_T è l'equivalente della temperatura in Volt, cioè : $V_T=kT/q=\frac{T}{11.600}$ (2) , con T in gradi Kelvin(assoluti), cioè t_o=T-320°

Alla temperatura ambiente (centigrada) di 20°, T= =300° K si ha: V_T=26 mV. Nel caso di $+V>\frac{T}{3.867}$ la (1) si riduce alla corrente corrispondente espressa dalla :

$$I(V)=I_o e^{\frac{V}{\eta V_T}}=I_o \exp\left(\frac{V}{\eta V_T}\right) \quad (3)$$

[c] Capacità C_T di carica spaziale

Nella tensione inversa i portatori maggioritari restano intrappolati nella nella regione di svuotamento della giunzione. Si manifesta pertanto un effetto capacitivo incrementale : $C_T=\left|\frac{dQ}{dT}\right|$ (4)

[a] characteristic of Zener diode

The Fig9 is represented in the diode Zener circuit in polarized E / V, niche (b) circuit diagram. In the nich (c) the power caratterisitca IV. The caratteritica powe is considerable variation. The operation current is limited by the values of the voltage applied ta from ~ 0.5 mV (knee) to 1.5 mV in 1 to 6 mA For voltages <0.5 the current is reduced to hundredths of a mA up to about 3 mV , is the point at which break-Dowon conseguene and breaking the crystal.

[b] The current in an ideal diode.

If in ((3)) applies a voltage V in a diode at the initial instant, and then for a current Io ideal diode has an experimental relationship:

$$I(V)=I_o\left(e^{\frac{V}{\eta V_T}}-1\right) \quad (1)$$

The current I is poitiva when the flow, niche (b) flows from the p-side to the n-side. The diode is forward biased if the voltage V is positive, ie, the I flows from the p-side to the n-side, Fig6

The diode is polarized directly if V+ positive, ie the anode of the diode is connected to the terminal + V The symbol η = 1 and η = 2 in the diode Ge and Si for low currents.

Finally, the VT is the equivalent of the temperature in volts, ie, $V_T=kT/q=\frac{T}{11.600}$ (2) , with T in degrees Kelvin (absolute), ie t_o = T-320 th

At room temperature (centigrade) of 20°, T = 300 ° K we have: VT = 26 mV.

In the case of $V>\frac{T}{3.867}$ the (1) reduces to the corresponding current expressed by :

$$I(V)=I_o e^{\frac{V}{\eta V_T}}=I_o \exp\left(\frac{V}{\eta V_T}\right) \quad (3)$$

[c] CT capacity of space charge In the case of reverse voltage the majority carriers remains trapped in the depletion region of the junction. It manifests itself therefore a capacitive effect incrementally:

$$C_T=\left|\frac{dQ}{dT}\right| \quad (4)$$

CAPACITA' DI CARICA SPAZIALE

Nella pagina precedente abbiamo introdotto il concetto di carica spaziale nella forma : $C_T=|\frac{dQ}{dT}|$ (4) . Nella polarizzazioneinversa del diodo,nicchia **(b)**, provoca un allontanamento dei portatori maggioritari(lacune) che lasciano cariche(**elettroni**)non compensate nella giunzione, analogo al condensatore a lastre pian parallele,nicchia (c) per il quale la capacità risulta : $C=\varepsilon Q \frac{d}{V}$ (5) ,con e (permittività elettrica),d(distanza fra le lastre .

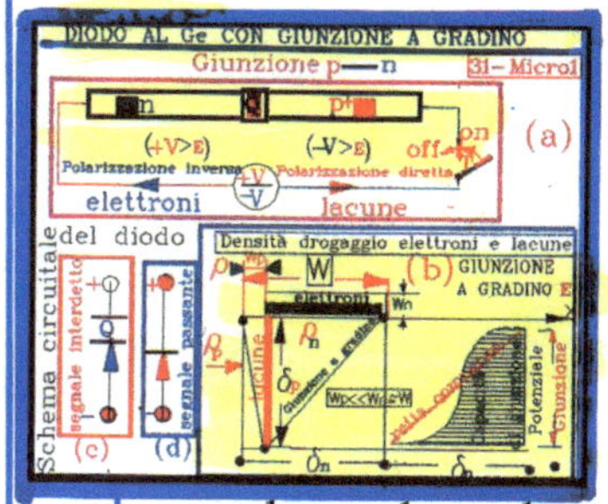

[a] La giunzione polarizzata inversamente .

Mentre nella (5)la capcità C a parità di e,V,Q dipende dalla distanza d fra le lastre S, nella giunzione è provocata dalla polarizzazione inversa per effetto della quale i portatori maggioritari , nicchia **(b)**, restano intrappolati nella giunzione e quindi non compensati

[b] La capacità incrementale del diodo. Per quanto premesso di definisce : $C_T=\frac{dQ}{dT}$ (6) Dal confronto con la (5) emerge che C dipende solo dalla distanza d mentre la stessa nella(6) dipende variazione termica della giunzione. Allora la corrente $i=C_T \frac{dV}{dt}$ (7) . In pratica la conoscenza sperimentale della C_T è importante per ottenete da un ingresso V in tensione la uscita i in corrente.

[c] La tipologia delle giunz ioni Si definisce a gradino una giunzione quando si ha una variazione brusca nella concentrazione degli ioni accettatori da un lato e degli ioni donatori dall'altro. Nella **Fig31-Micro1**, nicchia **(b)** mostra la densità di carica in funzione della distanza in cui la densità degli ioni accettatori è assunta molto maggiore degli ioni donatori .

Perciò la carica totale deve essere nulla. Quindi ,indicando con W il volume della giunzione si trova: $N_AW_p=N_DW_n$. Se poi $N_A>>N_D$, allora risulta : $W_p<<W_n\cong W$ (9) La relazione tra il potenziale e la densità di carica è espressa dalla: $\frac{d^2V}{dx^2}=\frac{-qN_D}{\varepsilon}$ (10). Le linee di flusso del campo elettrico partono dagli ioni donatori per .....

CAPACITY 'OF SPACE CHARGE

On the previous page we introduced the con-cept of space charge in the form: $C_T=|\frac{dQ}{dT}|$ (4). In the polarization inverse diode, niche **(b)** causes a removal of the majority carriers (holes) that leave charges (**electrons**) is not compensated in the junction, similar to the capacitor plates in parallel pian, niche (c) for which the capacity is: $C=\varepsilon Q \frac{d}{V}$ (5), and with ε(electric permittivity), d(distance between the slabs

[a] The junction reverse biased.

While in (5)equal to the capacitance C, and V,Q depends on the distance d between the sheets S, in the junction is pro-suited for the reverse bias effect of which the majority carriers,niche**(b)** remain trapped in the junction and therefore not compensated

[b] the incremental capacity of the diode

In these circumstances to define: $C_T=\frac{dQ}{dT}$ (6) The comparison with (5) shows that C depends only on the distance d while the same in (6) depends on the thermal variation of the junction. Then the current $i=C_T\frac{dV}{dt}$ (7). In practice, the experimental knowledge of the CT is im-portant to get from an input voltage V in the output in the current.

[c] The type of giunctionons Is defined in step a junction when there is a sharp change in ions concentration accepters on one side and the other of the donor ions. In **Fig31-micro1**, niche **(b)** shows the charge density as a function of distance in which the density of the ions acceptors is assumed much greater ion donors.

Therefore, the total charge must be zero. Thus, indicating with the volume W of the junction is: $N_AW_p=N_DW_n$. If then $N_A>>N_D$, then it is: $W_p<<W_n\cong W$ (9) The relationship between the potential and the charge density is expressed by:

$$\frac{d^2V}{dx^2}=\frac{-qN_D}{\varepsilon} \qquad (10)$$

(10). The flux lines of the electric field by the ions depart donors for .....

Dalla ((10)) come mostra la nicchia (d) le linee che

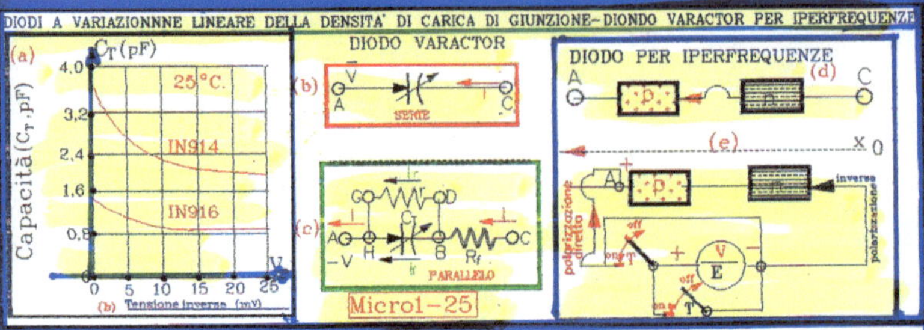

partono dai donatori positivi terminano su gli ioni negativi. Non ci sono linee di flusso a dx di C, x=W**n**.

Inoltre , per il campo elettrico vale : $k=dV/dx=0$ in $x=Wn\cong W$. Per concludere la **capacità di transizione** C_T per un diodo lineare risulta **Fig-25(b)**:

$$C_T=\varepsilon \frac{A}{W} \quad (11)$$

con A area della sezione del s.c. W lo spessore della giunzione ε il dielettrico. Simboli a parte, la C_T è la stessa che si trova nei sistemi logici nel condensatore a lastre pian parallele.

Infatti risulta in tal caso: $C=\varepsilon \frac{S}{d}$ (12) , con S aree delle lastre S , d la distanza fra le armature S

[a] Il diodo Varactor a giunzione lineare

La capacità di transizione è tanto maggiore quanto maggiore è A e minore lo spessore W(d)di giunzione. In particolare il diodo **In 916** ha una C_T di ~1pF

[**Ap.Z**Tav.14: $1pF=10^{-12}$ Farad]

Per tensioni inverse <15 mV nicchia **(a)** la $C_T$aumenta fino a 4pF. Sono in commercio diodi Varactor di tali caratteristiche.In particolare il diodo Varactor serie, nicchia **(b)**, parallelo **(c)** ,adatto per iper frequenze,nicchia **(d)** Lo schema circuitale **(e)** mostra il funzionamento del diodo Varactor polarizzato direttamente, **T** in **on** , inversamente **T** in **on** e **T** in **off** . Una applicazione dei diodi Varactor è il collegamento in tensione con i circuiti risonanti **dei circuiti logici ,Fig4 nichia (b)**

Nei Varactor parallelo si pone una elevata R ,anche di ~1MOhm. Nei diodi per forme d'onda veloci od alte frequenze si richiede che la C_T sia piccola. I diodi Varactor si basano su una C_T **variabile in tensione**

LINEAR AND THE JUNCTION DIODE VARACTOR

From ((10)) as shown in the niche **(d)** the lines that start from donors positive end of the negative ions. There are no flow lines to the right of C, x = W**n.**

Moreover, for the electric field is: $k = dV/dx = 0$ at $x = Wn \cong W$. To conclude the ability to transition C_T for a diode is linear **Fig-25 (b)** :

$$C_T=\varepsilon \frac{A}{W} \quad (11)$$

with area A of the section of s.c. the W thickness of the junction ε the dielectric.

Symbols aside, the CT is the same as that found in logical systems in the capacitor in parallel floor slabs.

In fact in this case is : $C=\varepsilon \frac{S}{d}$ (12), with S areas of the plates S, d the distance between the plates S

[a] The Varactor diode junction linear

The capacity transiction è greater the greater is A and the smaller the thickness W (d) junction.

In particular, the diode **In916** has a C_T of ~ 1pF

- [**Ap.Z**Tav.14: $1pF = 10^{-12}$ Farad]

For reverse voltages <15 mV niche **(a)** the C_T increase up to 4pF. Varactor diodes are in trade of such characteristic .In particular the Varactor diode series, niche **(b)**, parallel **(c)**, suitable for hyper frequencies, niche **(d)**

The circuit diagram **(e)** shows the operation of the varactor diode polarization-played directly on **T**, inversely **T on** and **T** off position.

An application of Varactor diode is connected in tension with the resonant circuits . **of logic circuits, nichia Fig4 (b)**

In parallel Varactors poses a high R, also of ~ 1MOhm.

In diodes for fast waveforms or high frequencies requires that the C_T is small.

Varactor diodes are based on a C_T **variable in tension**

In polarizzazione diretta la barriera di potenziale della giunzione viene abbassata e le lacune dal lato **p** passano nel lato **n** in polarizzazione diretta, **Fig 36(A)**. Viceversa gli elettroni in polarizzazione inversa passano dal lato **n** al lato **p(B)** Come si può osservare la distribuzione degli ioni ha un andamento a profilo parabolico rispetto alla distaza x nella giunzione x=0 la carica è proporzionale alla sezione retta A del diodo per la densità di carica supposta uniforme rispetto all'asse x essendo le lacune p(0) per x=0

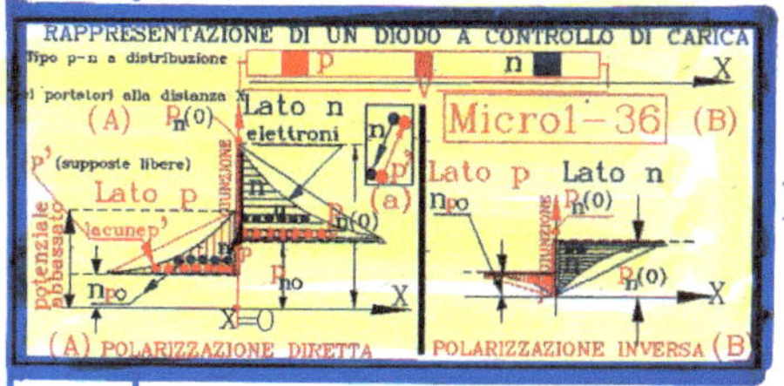

[a]Accumulo di carica Q in polarizzazione diretta

E'definita dalla equazione integro differenziale :

$$Q=\int_0^\infty A_{qp(0)}(e^{-x/Lp})dx = AqL_p\, p'(0)$$ (1) Si noti che Q dipende dalle costanti dimensionali del diodo e dalla variazione istantanea delle lacune p'(0) che attraversano la giunzione. Quindi la corrente del diodo è data dalla : $I=\frac{AqD_p}{L_p}\, p'(0)$ (2) .Eguagliando i secondi membri di: (1)e (2) . Si ha $I=\frac{Q}{\tau}$ (3) , essendo τ una costante di tempo specifica del diodo a controllo di Q

[b]Accumulo di carica Q in polarizzazione inversa

Quando una tensione esterna polarizza inversamente la giunzione la densità dei portatori minoritari,nicchia **(B)** si configura in accordo con la legge della giunzione , già definita ,a carattere esponenziale, cioè: $p_n(0)=p_{no}\, e^{V/Vt}$ (4) . In questa la distribuzione degli ioni **p** ed **n** seV=0 , essendo V/Vt l'equivalente in tensione della temperatura , si ha $p_n(0)=p_{no}$ ossia la accumulazione nella giunzione è satura se il diodo è polarizzato direttamente allora il segno della carica è Q>0 . Se il diodo è polarizzato inversamente è Q<0

[c]Capacità del diodo per effetto diffusione

In polarizzazione diretta a causa della diffusione la capacità è molto più grande della C_T di transizione . Infatti nel drogaggio del s.c. le cariche immagazzinate si diffondono creando una capacità $C_D >> C_T$ (5)

In direct polarization potential barrier of the junction is lowered and the gaps on the side **p** - transit in the healthy side **n** in direct polarization, **Fig 36 (A)**.

Conversely, the electrons in the reverse bias pas-healthy from side to side **n** to side **p (B)**

As you can observe the distribution of the ions has a trend to profile pa-rabolico distaza respect to x in the junction x = 0 the charge is proportional to the straight section A diode to the charge density with respect to the x axis being supposed uniform gaps p (0) = 0 for x=0

[a]Accumulation of charge Q polarisation direct

Definite from intact integral-differential equation:

$$Q=\int_0^\infty A_{qp(0)}(e^{-x/Lp})dx = AqL_p\, p'(0) \qquad (1)$$

Note that Q depends the dimensional constants of the diode and the instantaneous change of the gaps p '(0) that cross the junction. So, the diode current is given by: $I = \frac{AqD_p}{L_p}\, p'(0)$ (2). Equating the 2° members of (1) and (2), have: $I= Q/\tau$ (3), t being a time constant specification of the diode to control Q **[b] Accumulation of charge Q in reverse bias**

When an external voltage polarizes inversely joining the density of minority carriers, niche **(B)** is configured in accordance with the law of the junction. tion, already defined, exponential in character, that is: $p_n(0)=p_{no}\, e^{V/Vt}$ (4). In this the distributions of ion **p** and n if V=0, to be V/Vt in the equivalent voltage of the temperature, it has : $p_n(0) = p_{no}$ ie the accumulation in the junction is saturated if the diode is forward biased then the sign of charge is Q>0.If the diode is reverse biased is Q <0

[c] Capacity of the diode for diffusion effect

In direct polarization due to the spread of the capacity is very > of C_T transition. In fact in the doping of s.c. charges-yourself stores spread created a capacity $C_D >> C_T$ (5)

[a] Capacità di diffusione con ingresso sinusoidale

Si supponga che il circuito diodo **p-n** con il carico R_L venga applicata la tensione $V_F - V_F = E$ (1)nicchia (b) da 0 (Te in on) a $0 \to t_1$ in cui risulta polarizzato ($V_i = V_F$) in diretta il diodo. Se la resistenza R_L, nicchia (a) è grande(rispetto alla tensione ai capi del diodo) allora nel circuito logico-diodo ,nicchia (b) , circola la corrente $i \cong V_F / R_L$ (2) .All'istante $t = t_1$ la tensione di ingresso si inverte bruscamente al valore ($V_i = -V_F$) .Per ragioni di contrasto, con il potenziale di giunzione ,la corrente non si annulla ma si inverte e rimane di valore: $i \cong -V_R / R_L$ (3) sino all'istante $t = t_2$. Per $t = t_2$, come si può costatare , la densità dei portatori p-n in x=0 , ha raggiunto lo stato di equlibrio p_{no} . Allora se la resistenza effettiva del diodo è R_d , la tensione del diodo scende (di $I_F + I_R)R_d$) ma non si inverte.

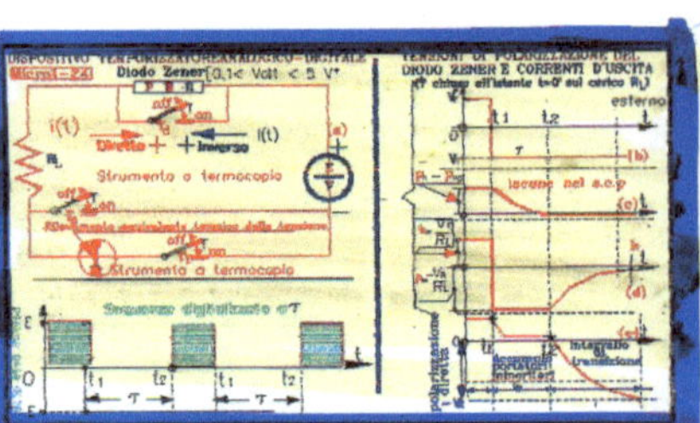

All'istante $t = t_2$, quando l'eccesso dei portatori minoritari,nelle immediade vicinanze della giunzione viene respinto indietro e la tensione nel diodo comincia ad invertirsi e la intensità della corrente nel diodo inizia a diminuire. L'intervallo di tempo $[t_1, t_2]$, che deve trascorrere prima che la carica minoritaria immaganizzinata si annulli, è detta tempo di immagazzinamento t_s. Il tempo che intercorre tra l'istante t_2 nel quale il diodo ha nominalmente superaro la condizione di regime è detto tempo di transizione t_t . L'intervallo di tempo necessario affichè il diodo recuperi la condizione di regime, corrispondente alla polarizzazione applicata termina quando i portatori minoritari, che si trovano ad una certa distanza dalla giunzione, si sono diffusi verso la giunzione attraversata. Inoltre,quando la capacità di transizione C_T della giunzione ,localizzata ai capi della giunzione, polarizzata inversamente si è caricata alla tensione $-V_R$,nicchia (b) .I costruttori specificano il tempo di recupero inverso t_{rr} di un diodo in condizioni di funzionamento, con la indica-indicazione della **forma d'onda della corrente .**

[a] ability to spread with sinusoidal input

Assume that the **p-n** diode circuit with the load R_L is applied voltage $V_F - V_F = E$ (1) niche **(b)** by 0 (Te in on) to $\to$ 0 t1 where it is polarized ($V_i = V_F$) in the direct diode. If the resistance R_L, niche **(a)** is large (compared to the voltage across the diode) then the logic circuit-diode, niche (b), the current circulates the $i \cong V_F / R_L$ (2). At time $t = t_1$ the input voltage is reversed abruptly to the value ($V_i = -V_F$). nests for reasonable contrast, the junction potential, the current does not vanish but is reversed and rema-invariable: $i \cong -V_R / R_L$ (3) until the instant $t = t_2$. For $t = t_2$, as can be seen, the density of carriers in pn x = 0, has reached the state of equlibrio p_{no}. So if the resis-tance of the diode is effective R_d, the diode voltage drops ($I_R + I_F$) R_d) but not reversed. At $t = t_2$, when the excess of the bearers minority, in the vicinity of immediade giunzion is rejected back and the voltage across the diode begins to reverse and the intensity of the current in diodo begins to decrease. The time interval $[t_1, t_2]$, that must elapse before the post-minority vanishes, is called the storage time t_s. The time that elapses between the instant t_2 in which the diode has nominally been above the speed condition is said transition time t_t.

The time interval necessary affiche the diode recoveries of the condition scheme, corresponding to the polarization ap-plicata ends when the carrier minority, which are located at a certain distance from the junction, they spread towards the junction crossed.

Also, when the capacity of C_T transition of the junction, localized-played to the heads of the junction, it is polarized inversely loaded to the voltage-V_R, niche **(b)**. Constructor i specify the reverse recovery time of a diode in t_{rr} conditions of operation, with the indication indicating the **wawe form of the current .**

DIODI A BREAKDOWN

[a] La caratteristica di potenza

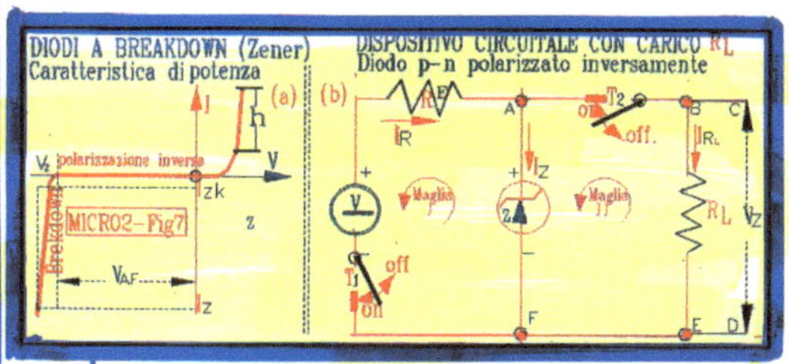

Per un diodo a semiconduttore a funzionamento nella regiore del breakdown è costrito in modo tale che la tensione ai capi del carico R_L rimane uguale a quella del diodo(Zener e/o breakdown) Fig7(b) .

Il valore V della tensione del generatore e della resistenza R sono scelti in modo tale che, alla chiusura di T_1 , il diodo viene ad operare in polarizzazione inversa in prossimità di Vz,nicchia (a)

La corrente Iz del diodo è la stessa del carico R_L come si può costatare, topo la chiusura di T_2 della maglia II In tal modo il diodo controllerà la corrente del carico R_L ,dato che ampie escursione della corrente nel diodo producono piccole variazioni ai capi del diodo. Inoltre, non appena la tensione di alimentazione e del carico variano la corrente nel diodo , regola la propria intensità in modo da mantenere praticamente la tensione Vz sul carico R_L costante con Iz=Cost. Il diodo continuerà al sua funzione regolatrice fino a quando la corrente non scenda alla intensità Izk,innestando l'effetto valanga oppure il resistore R del diodo non dissipi la energia per effetto Joule fornita dalla V.

[b] Moltiplicazione a valanga del diodo

Da quanto precede abbiamo appreso che in condizioni di funzionamento regolare il diodo alimentatao da una V=Cost. imporrà al carico R_L una corrente Iz=Cost . Si deve intendere che il carico può essere un semplie resistore oppure un sistema reticolare di impedenza: $Z=R+j\,(L\omega-\frac{1}{\omega C})$

Di fatto fungendo da generatore di corrente costante nelle reti elettriche del capitolo precedente. Si possono verificare due diverse situazioni in caso di effetto valanga. Precisamente : Uno ione termogenerato esce dalla giunzione e viene eccitato dalla V applicata al diodo rompendo il legame covalente nel cristallo......

DIODES A BREAKDOWN

[A] The characteristic of power

For a semi-conductor diode in operation in regiore of breakdown is cos-chopped in such a way that the voltage across the load R_L remains equal to that of the diode (Zener and / or breakdown) Fig7 (b).

The value of the voltage Vdella generator and resistance R are chosen in such a way that, at the end of T_1, the diode is to operate in reverse polarization-sa near Vz, niche (a)

The current Iz of the diode is the same load R_L as can be seen, the closure of mouse T_2 mesh II

In this way, the diode will check the current the load R_L, given that large excursion of the current in the diode produce small variations across the diode. Moreover, as soon as the voltage of power supply and the load vary the current in the diode, re-throat proper intensity so as to maintain lawns cally the voltage Vz on the load R_L constant with the Iz = Cost. The diode will continue to function adjusts its matrix until the current does not drop to the intensity Izk, triggering a snowball effect or the resistor R King of the diode does not dissipate energy by Joule effect provided by V.

[B] avalanche multiplication of the diode

from the foregoing we learned that in conditions of normal operation the diode alimentatao by a V = Const. impose a current to the load R_L Iz = Cost.

It is understood that the load can be a resistor or a semplic reticular system impedance:

$Z=R+j\,(L\omega-\frac{1}{\omega C})$

In fact acting as a constant current generator in the electricity networks of the previous chapter. You can not check-in the case of two different situations snowball effect. Specifically:

An ion termogenerato out of the junction and is excited by V applied to the diode breaking the bond covalent in the crystal ......

BREAKDOWN DI TIPO ZENER

[c] Diodi a valanga

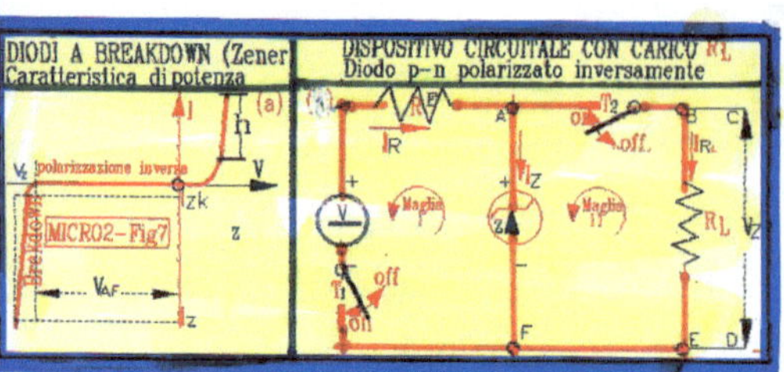

Per un diodo Zener a valanga anche quando i portatori disonibili in t=0 con T_1 inizialmente non acquistano energia sufficiente a rompere i legami è possibile provocare il Breakdown a mezzo rottura diretta dei legami .Questi per effetto del campo elettrico $\mathcal{E}_j$ della giunzione del diodo su gli elettroni legati esercita un azione atta a strapparli dal nucleo dell'atomo della giunzione [AP.Z :$_{32}$Ge e/o il $_{14}$Si] La nuova coppia buco(lacuna) elettrone che si genera incrementa la corrente inversa che al limite Vz non coinvolge gli atomi del cristallo dell'effetto Break valanga. La intensità del campo elettrico $\mathcal{E}$ aumenta con l'aumento delle impurità (ioni e/o elettroni) per una data Vz Nel caso del diodo Zener ciò si verifica per $\mathcal{E} = 2.10^7 Vm^{-1}$ per tensioni V<6Volt nei diodi drogati molto intensamente. Es.i diodi al Si regolano il regime di corrente in zona valanga per tensioni che vanno da alcuni Volt a centinaia con potenze dissipate di circa 50 watt.

[c] Caratteristiche termiche dei diodi Zener

Uno degli aspetti rilevanti sul funzionamento di ogni trasduttore di energia ha per base la elevazione termica e non solo per la dissipazione di energia ma per la integrità fisica di qualunque dispositivo elettrico od elettronico . Il coefficiente α di temperatura è definito come percentuale della energia di riferimento per ogni grado (centigrado) termico che può essere $\alpha <> 0$ nel diodo Zener varia nell'intervallo ±01% per grado C Se la tensione è > 6Volt si ha l'effeto valanga . Se invece è <6Volt il break che si mainesta è del tipo Zener ,in dipendenza di α .

[d] Resistenza dinamica e capacità

Una caratteristica importante relativa ai diodi **Zener** e la pendenza della di potenza: $\Delta Vz/\Delta Iz$ (1) detta resistenza dinamica del diodo Zener. Ad una variazione di ΔIz induce una ΔVz che per $V< Vz\ \Delta Iz \rightarrow \infty$

BREAKDOWN OF TYPE ZENER

[c] avalanche diodes

For a Zener diode avalanche even when the carriers disonibili at t = 0 with T_1-initially you do not acquire enough energy to rom-pears ties can cause the breakdown by the breakage of the bonds. This the effect of the electric field $\mathcal{E}_j$ of the diode junction of the electrons bound exerts an action likely to tear from the nucleus of the atom of the junction [AP.Z: $_{32}$Ge and / or $_{14}$ Si] The new couple hole (lacuna) electron that is generated increases the reverse current that the limit Vz does not involve the atoms of the crystal avalanche effect Break The electric field $\mathcal{E}$ intensity increases with the increase of impurities (ions and / or electrons) for a given case of the Zener diode Vz, in the case this occurs for $\mathcal{E} = 2.10^7 Vm^{-1}$ for voltages V<6Volt in devices doped very intensely. Exeple: i diodes at Si are adjusted to the current regime in avalanche area for voltages ranging from a few volts to hundreds with power losses of about 50 watts.

[c] Thermal characteristics of Zener diodes

One of the important aspects of how each energy transducer has for its basis the elevation ther-mal and not just for the dissipation of energy but for the physical integrity of any electrical or electronic means. The coefficient of temperature is defined as α percentage of the reference energy for each degree (Celsius) heat that can be $\alpha <> 0$ in the Zener diode varies in the range per degree ±01% for C . If the voltage is > 6Volt one has the lamellas avalanche. If it is <6Volt the break that is mainesta is the Zener type, in dependence of α .

[d] Dynamic resistance and capacity

An important feature concerning the Zener diodes and the slope of the power: $\Delta Vz / \Delta Iz$ (1) said dynamic resistance of the Zener diode. For a variation of ΔIz induces a ΔVz that for $V < Vz\ \Delta Iz \rightarrow \infty$

[a] Il diodo tunnel

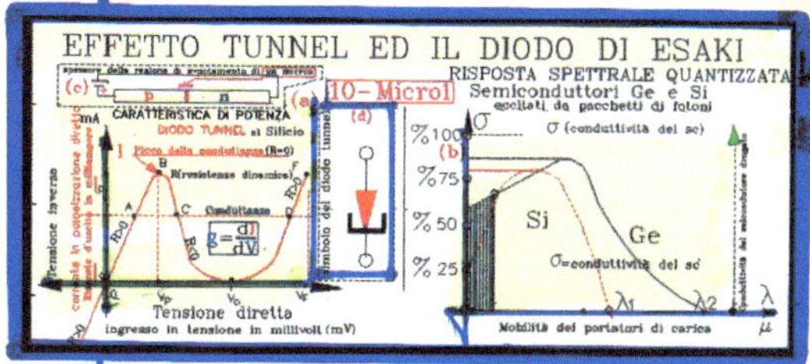

Il diodo a giunzione **p-n** ha le impurità di ~ uno su 10^8 atomi del cristallo costitutivo. Con tale intensità di drogaggio la regione di svutamento, che stabilisce una barriera di potenziale in corrispondenza alla giunzione è dell'ordine del micron($=10^{-6}$ metri) che impedisce la diffusione dei portatori dal lato della giunzione

La **Fig 10(a)** rappresenta la caratteristica di potenza del diodo Esaki tunnel per il profilo a campana di vertice D di massima corrente I_p .Aumentado il drogaggio fino ad una parte su 10^3(densità > 10^{19} cm^{-3}) le caratteristich del s.c. risultano profondamente cambiate . Questo diodo venne scoperto e realizzato da Esaki nel 1958 , che ha avuto il merito di fornire una convincente spiegazione della caratteritica di potenza dell'effetto tunnel

[b] La teoria dell' effetto tunnel

La larghezza della barriera P-F, in polarizzazione diretta è inversamente proporzionale alla densità delle impurità: $V_g=\frac{q}{2\varepsilon}Nd\,W^2$ (1) La tensione ai capi della giunzione Vg è proporzionale alle cariche libere q ed al numero dei portatori Nd per W^2 . Dalla nicchia **(a)** si costata che in polarizzazione inversa il diodo tunnel è un buon conduttore . Sono sufficenti 50 mVolt di Vp per ottenere la corrente di picco Ip .Però nel caso $V>V_p$ la I diminuisce.Quindi la conduttanza dinamica: $g=dI/dV$ (2)diventa negativa e la larghezza della giunzioneW si riduce a qualche micron($\sim10^{-6}$ m) Questo spessore è all'incira 1/50 di λ ($\lambda=c/f$,con c la velocità della luce ed f la frequenza ottica dei quanti luminosi o fotoni di Einstein **hf** (**h** costante di Planck) Secondo la fisica classica una particella per by passare una barriera di potenziale deve avere una energia cinetica maggiore. Per barriere di spessore del diodo di Esaki la equazione di Schö dinger : $\frac{d^2\Psi}{d^2\varphi}=-\lambda\Psi$ (3) ....

[a] The tunnel diode

The **p-n** junction diode has one of the impurities of ~ 10^8 atoms of the crystal constitutive. With such intensity of the doped region svutamento laying down a potential barrier at the junction is of the order of one micron ($=10^{-6}$ meters), which prevents the diffusion of carriers from the side of the junction **Fig 10 (a)** represents the output characteristic of the Esaki tunnel diode for the bell-shaped profile of the vertex D overcurrent I_p. To increase the drogaging up to one part in 10^3 (density> 10^{19} cm^{-3}) the characteristics of the scare profoundly to change. This diode was discovered and developed by Esaki in 19 58, which had the merit of providing a convincing explanation of caratteritica power of the tunnel effect

[b] The theory of 'tunnel effect

Barrier the width of the PF, in-line polarization is inversely proportional to the density of impurities: $Vg=\frac{q}{2\varepsilon}Nd\,W^2$ (1) the voltage across the junction Vg is proportional to the free charges q and the number of bearers for Nd W^2. From the niche **(a)** it is found that in reverse bias the tunnel diode is a good conductor. 50 mV of V_p are enough to get the peak current I_p. Nevertheless, in the case $V> V_p$ I to decrease. Then the dynamic conductance : $g=dI/dV$ (2) becomes negative and the width of the giunzione Wis reduced to a few microns($\sim10^{-6}$ m) all'incira This thickness is 1/50 λ ($\lambda = c/f$, with c the speed of light and f is the optical frequency of the quanta light or photon of Einstein **hf** (**h** is the Planck's constant)

According to classical physics a particle to by-pas a potential barrier must have a greater kinetic energy. For barriers of thickness of the Esaki diode and the Schrödinger equation: $\frac{d^2\Psi}{d^2\varphi}=-\lambda\Psi$ (3) ....

Come si vede il diodo tunnel è un buon conduttore in polarizzazione diretta che inversa fino al picco P Punto nel quale la conduttanza

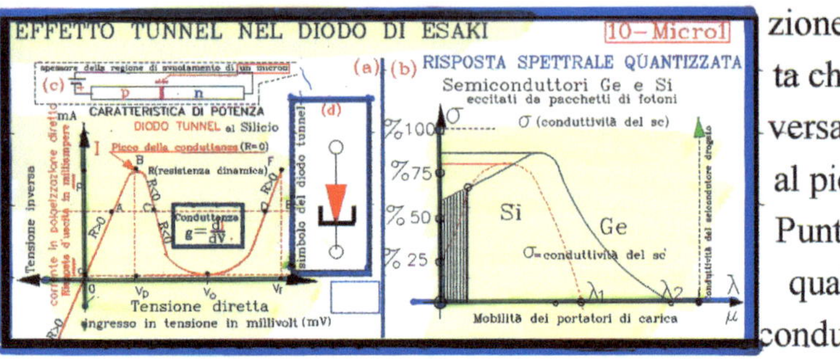

si inverte e la resisteza diventa negativa fino alla buca del potenzialee negativo Vo. Punto singolare per la funzione d'onda associata ricominciano a crescere in polarizzazione diretta del diodo Esaki

[a] La funzione d'onda di Schö dinger :

La nicchia (b) mostra che i diodi del Silicio ($_{14}$Si)e del Germanio($_{32}$Ge)rispettivamente con 14 e 32 elettroni del mantello nucleare che , al crescere della **conduttività i fotoelettroni diminuiscono di frequenza fino a separarsi dal nucleo generando lacune**

La funzione d'onda $\Psi(\lambda)$è una equazione differenziale alle derivate parziali del 2° ordine non omogenea:

$$\frac{\partial^2\Psi(\lambda)}{\partial x^2}+\frac{\partial^2\Psi(\lambda)}{\partial y^2}+\frac{\partial^2\Psi(\lambda)}{\partial z^2}-\frac{6\pi^2 m}{h^2}U(x,y,z)\,\Psi(\lambda)=\frac{4j\pi m}{h}\frac{\partial\Psi}{\partial t} \quad (1)$$

La soluzione è data in<Frammnti Scientifici del XX Secolo-pg77,..., 79)" . La (1) si enuncia " un'onda luminosa Ψ è un segnale luminoso legato ad un corpuscolo m radiante che si propaga nello spazio fisico con onde sferiche,dipendente da una funzione potenziale U(ingresso o eccitazione) , ad impulsi h, variabile nello spazio sinusoidalmente.

[b] Fotodiodi a semiconduttore

La Fig12a rappresenta una giunzione p-n polarizzata inversamente che illuminata produce una corrente che varia quasi linearmente con il flusso luminoso per questo si dice che il s.c. è un fotodiodo. Costituito da una giunzione interclusa in una nicchia di plastica il tutto delle dimensini di qualche millimetro La equazione corrente tensione vale:

$$I=I_s+I_o(1-e^{V/\eta VT}) \quad (2)$$

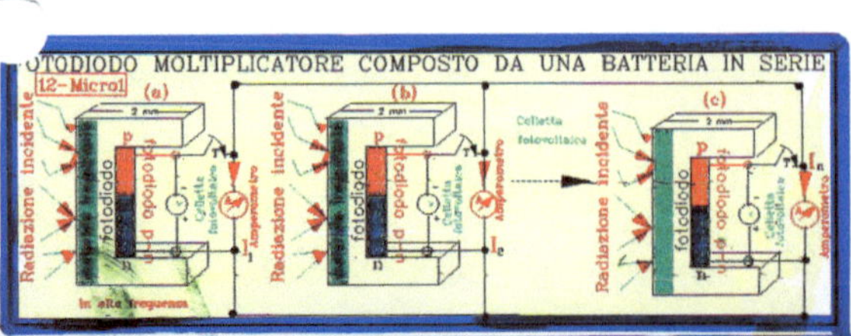

As you can see the tunnel diode is a good conductor polarization directly in ta-versa until the peak point P in which the conductance is reversed and the resisteza becomes negative until the hole of potenzialee negative Vo . Singular point for the wave function associated with growing once again in direct polarization of the Esaki diode

[a] The wave function of Schrö dinger:

The niche (b) shows that the diodes of silicon ($_{14}$Si) and germanium ($_{32}$Ge) respectively with 14 and 32 electrons mantle nuclear energy the , with the increase of the productivity decrease of the photoelectrons from the core frequency up to free generating gaps the wave function $\Psi(\lambda)$ is a differential equation of the PDE of the second order , non homogeneous:

$$\frac{\partial^2\Psi(\lambda)}{\partial x^2}+\frac{\partial^2\Psi(\lambda)}{\partial y^2}+\frac{\partial^2\Psi(\lambda)}{\partial z^2}-\frac{6\pi^2 m}{h^2}U(x,y,z)\,Y(l)=\frac{4j\pi m}{h}\frac{\partial\Psi}{\partial t} \quad (1)$$

the solution is given in < **Frammnti Science of the twentieth century**-pg77, ..., 79) [a].

The (1) is enunciated< Ψ a light wave is a signal light attached to a corpuscle m radiant that propagates in the physical space with spherical waves, dependent on a potential function U (input or excitation), pulsed h, variable in sinusoidal space.

[b] The semiconductor photodiodes

Fig12a p - n junction is reverse biased that lit produces a current that varies almost linearly with the luminous flux to this it is said that the sc is a photodiode. Consists of a junction landlocked in a niche of plastic all sizes, ideal of a few millimeters The current-voltage equation is:

$$I=I_s+I_o(1-e^{V/\eta VT}) \quad (2)$$

Come si vede il diodo circuitale **(a)** è introdotto nel circuito con il simbolo compreso fra A(anodo) e K (catodo).Il verso della corrente ha la direzione indivata dalla freccetta , cioè da A a K

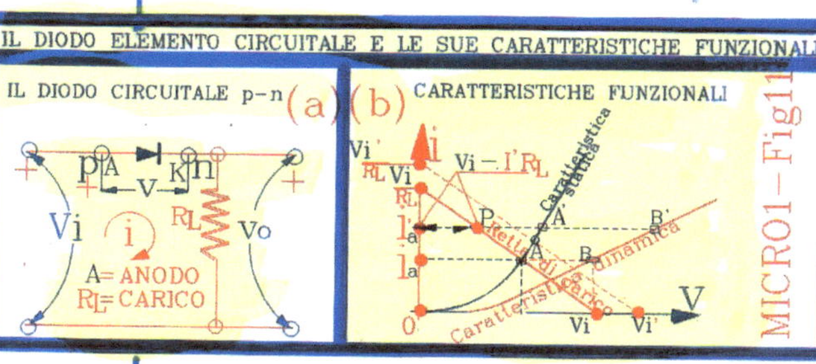

[a] Caso dei fotodiodi . Sono dei semiconduttori, come abbiamo visto, capaci di trasformare in corrente le onde luminose definite da Schrödingher per mezzo della equazione Ψ"(λ) emesse da una rorgente di luce (lampada o stella varia solo lo spettro delle fequenze U(x,y,z). Il fotodiodo, nicchia **(b)**, in polarizzazione inversa, Fig10, dà una risposta spettrale deducibile dalla Ψ''(λ). Infatti l'onda Ψ(λ) dipende da due costanti arbitrarie, riconducibile allo spettro luminoso.

[b] Le rette di carico .Usando il 2° **Kirchoff** per (a) si trova: $v = v_i - iR_L$ (1) con v ed i incognite

Dalla caratteristica statica del diodo , il punto di incontro A fra la retta di carico e la caratteristica statica individua la corrente i_a per un valore istantaneo di vi della tensione di ingresso.nicchia **(b)**.In questa sono riportati i valori delle correnti sull'asse delle **i** e delle corispondenti tensioni sull'asse v. La rette di carico passano per l'origine degli assi i,v .Per la retta di carico statica la (1) per il punto P,in corrispondenza alla **caraterisitica statica** passante per A. La **[b]caratteristica dinamica** Passa per i punti B e B'

In breve . Questa costruzione grafica permette di calcolare la correne incognita **i'**a quando la tensione di ingresso risulta v'i **Gli autor*** avvertono che questa soluzione garfica è limitata in approssimazione quando $i = v_i/R_L$,nicchia **(b)** asse i, risulta troppo grande per le caratteristiche fornite dai costruttori . In tal caso si può scegleie un valore arbitrario per I' compresso sull'asse **i** di valore opportuno

As can be seen, the diode circuit **(a)** is introduced in the circuit with the symbol between A (anode) and K (cathode). The direction of the current has the direction indivata by dart, ie from A to K

[a] Case of the photodiodes.

Are of the semiconductor, like we have seen, able to transform in current the light waves from Schrödingher defined by means of the equation Ψ''(λ) emitted by a rorgente of light (lamp or star varies only the spectrum of fequenze U (x, y, z). The photodiode, niche **(b)** in reverse bias, Fig10, gives a spectral response deducible from Ψ'' (λ). Indeed wave Ψ (λ) depends on two arbitrary cosant , reflerable to the light spectrum .

[b] the load lines.

Using the second **Kircchoff** for **(a)** is:

$v = v_i - iR_L$ (1) with v and i unknowns

From the static characteristic of the diode, the meeting point a between the load line and the characteristic identifies the current i_a to a value of vi instataneous voltage input.niche **(b)**.

In this shows the values of the currents on the axis of the **i** equivalent voltages v axis.

The load lines pass through the origin of the axes i,v

For the static load line (1) to the point P, in correspondence to the **static chararcteristics** throughpoint for the A.

[b] dynamic characteristic

This line passes through the points B and B '

In short. Graphical this construction allows to calculate the unknown Correne **i'**a when the input voltage is v'i the author(*)solution graphical a warn that this approximation is limited when $i = v_i/R_L$ niche **(b)** the axis i , is too large for the features provided by the manufacturers.

in this case you can scegleie an arbitrary value for I' compressed on the axis **i** of the appropriate value

[a] Per definizione ,la curva che lega la tensione di uscita v_o alla tensione di ingresso Vi , nicchia **(a)** ,

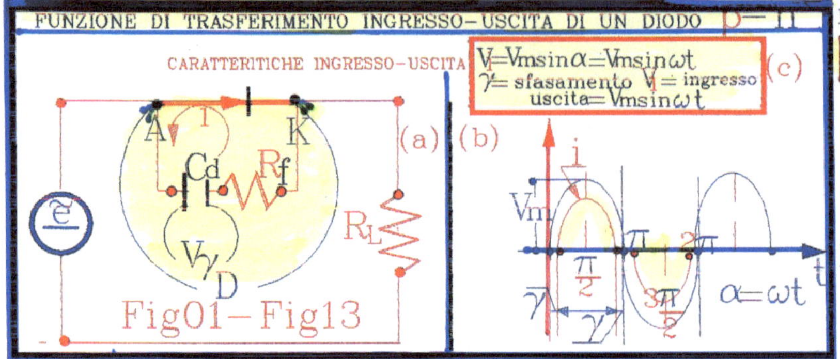

FUNZIONE DI TRASFERIMENTO INGRESSO-USCITA DI UN DIODO

CARATTERITICHE INGRESSO-USCITA

V_i=Vmsinα=Vmsinωt
γ= sfasamento V_i = ingresso
uscita=Vmsinωt (c)

(a) (b)

Fig01–Fig13

dato che : $v_o = iR_L$ (1), in questo diodo ha la configurazione della caratteristica(dinamica)di trasferimento: $v = v_i - v_o = v_i - iR_L$ (2). Nella quale la v_i di ingresso è legata alla v_o di uscita a mezzo della transcaratteristica , di cui diremo.

Come mostra la **fig13b** , fra l'ingresso e l'uscita interviene lo sfasamento γ , dovuto alla giunzione. Nel caso del diodo **Esaki**, la caratteristica della corrente di uscita è presente sia nella regione prossima al Breakdown che per vi >0 . Questo dimostra che la forma sinusoidale v_i=Vm sin ωt dell'ingresso v_i è interamente riprodotta in uscita nella forma prevista dal carico R_L

Osservazioni. La analogia con $y(t)=y_o(t)+ y_p(t)$ (2) di pg 51-70] sono ,dimensioni a parte, corrispondenti ai sistemi RCL analoici è evidente .

I risultati applicativi della (2) risultano nella nicchia **(c) Fig13**. In particolare :

1-La vi di ingresso è di forma sinusoidale del tipo $v_i = V_m \sin(\omega t)$ (21) , nella quale Vm è la massima ampiezza del segnale di ingresso, ω la pulsazione, cioè fisicamente una grandezza inversa del tempo , legata alla frequenza dalla relazione $\omega = 2\pi f$ (22)

2-Per il diodo a bassa frequenza, indipendentemente dalla caratterisica statica e dalla forma della tensione di ingresso è possibile(per basse frequenze), tracciare per punti le varie caratteristiche per la applicazione Vi=Vmsin(α),curve di v ed i concatenate,nicchia**(c)**

CIRCUIT TYPE DIODE pg-107

[a] By definition, the curve that connects the output voltage v^o to the input voltage Vi, niche **(a)**, given that : $v^o = iR_L$ (1), in this diode has the configuration of the feature (dynamic) transfer: $v = v_i - v_o = v_i - iR_L$ (2) . In which there vi is linked to the input vio output in the middle of transcaratteristica, of which we shall speak.

As shown **fig13b**, between the input and the output phase shift intervenes γ, due to the junction.

In the case of the **Esaki** diode, the characteristic of the current output is present both in the region close to the breakdown for you v_i> 0.

This shows that the sinusoidal vi = Vm sin wt of the entrance there is all played out in the form prescribed by the load R_L

Observations.

The analogy with $y(t) = y_o(t) + y_p(t)$ (2) of pg [51-70] Are, in part dimensions, corresponding to systems RCL analoici is evident. The results of the application (2) are in the niche **(c) Fig13**.

In particular:

1-La there is input of the sinusoidal shape of the type $v_i = V_m \sin(\omega t)$ (21), in which Vm is the maximum amplitude of the input signal, ω the pulsation, that is, physically a magnitude inverse of the time, linked to frequency by the relation $\omega = 2\pi f$ (22)

2-To the diode at low frequency, irrespective caratterisica static and the shape of the input voltage is possible (for low frequencies), trace points for the various features for the application :

Vi=Vmsin(α), curves of v and **i** the concatenated , niche **(c)**

[a] Non a caso abbiamo insistito sulla funzione di trasferimento del diodo tipo. Questo diodo fa riferimeno nelle applicazioni per le caratteritiche statica e dinamica ed inoltre la **transcaratteristica** che lega la tensione di uscita v_o e la v_i di ingresso, **Fig.12-Fis33** Va evidenziato il fatto che indipendentemente dalla caratterisica statica e dalla forma d'onda di in gresso la transcaratteristica la forma d'onda in uscita v_o può esere ricavata graficamente(per basse frequenze)

[b] La regione di transizione

L'approssimazione lineare a tratti se presenta una brusca discontinuità (ad es. la cuspide **C**) o per $v_i=V\gamma$ Punto di transizione, nel quale, per la tensione alla giunzione $R\gamma$ passa da un valore molto grande a un valore molto piccolo. Nella cuspide C si ha un punto sigolare per il passaggio dalla reistenza positiva alla negativa. La nicchia **(c)** mostra la inversion a completamenro dell'onda triangolare .

[C] CIRCUITI LIMITATORI

Questi circuiti sono concepiti per contenere il segnale di uscita entro un certo livello di riferimento .

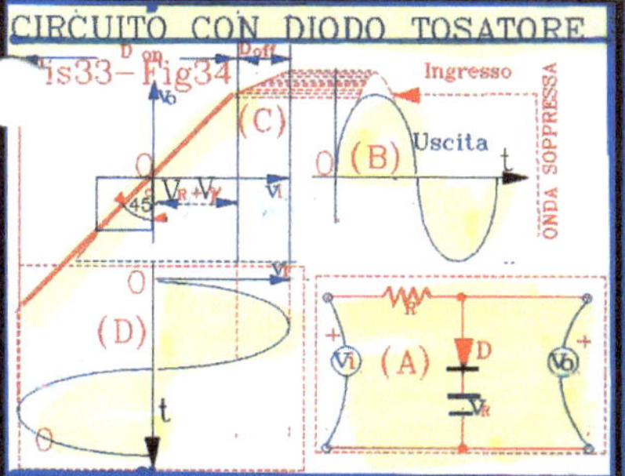

Il diodo **D**,nicchia **(A)**, trasferisce inalterata la parte della funzione d'onda con tensione $V_i<V_R+V\gamma$ (1) La transcaratteristica lineare a tratti è realizzata da **(A)** con il diodo **D**,collegato in serie con i parametri **R** e V_R del circuito **(A)**. Come si vede ,nicchia **(B)**, la parte della semionda che supera(regione tratteggiata della transcacaratteritica) la(1) sopprime, nicchia **(B)** la porzione dell'onda di ingresso **(D)** . Si sono realizzati circuiti tosatori a due livelli concatenado 2 diodi ,**D** e D_1(maglia) con D_1 controverso al diodo **D**

[a] Not surprisingly we have insisted on the transfer function of the diode type. This diode refers less in applications for caratteritic static and dynamic, and also the **transcaratteristic** that binds the output voltage v_o and there input v_i , **Fig.12-Fis33** Va highlighted the fact that irrespective caratterisica static and from the waveform of the input in transcaratteristica the waveform output v_o can be obtained graphically (for low frequencies)

[b] The transition region

The piecewise linear approximation if presents an abrupt discontinuity (eg. the cusp **C**) or for $v_i = V\gamma$

transition point, in which, for the voltage at the junction Rg passes from a very large value to a very small value. In C it has a cusp point sigolar tiles. The for the transition from positive to negative. The niche **(c)** shows the inversion of the triangular wave to completely.

[C] CIRCUIT LIMITERS

These circuits are designed to contain the output signal within a certain level-the reference. The diode **D**, niche **(A)**, trans-injures unchanged part of the wave function with voltage $V_i<V_R+V\gamma$ (1)

The transcaratteristica piecewise linear is made from **(A)** with the diode **D**, is connected in series with the parameters **R** and V_R of the circuit **(A)**.

As you can see, niche **(B)**, the part that exceeds the half-wave (shaded region of transcacaratteritic), the (1) suppresses niche **(B)** the portion of the wave input **(D)**. It they are made of two-level circuits shearers concatenado 2 diodes, **D** and D_1 (mesh) with the diode D_1 controversial **D**

PORTA CAMPIONATRICE

[a] Un campionatore ideale è un circuito che opera trasmettendo un segnale la cui tensione di uscita v_o(output) è , durante un determinato in tervallo di tempo Tc(**c conduzione**), la riproduzione esatta della tensione di ingresso Vs(s source) nicchia(D), e nulla altrove, nicchia (E) trasferimento da Vs. via diodi

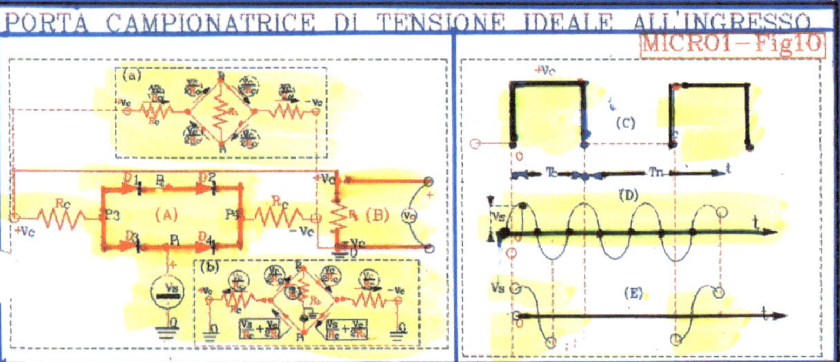

D_1,D_2,D_3,D_4 operatori del segnale Vs in connessione ai nodi P_1,P_2,P_3,P_4. L'intervallo di tempo $\tau \in t$ per il trasferimento è determinato da un segnale applicato all'esterno,detto segnale di controllo o di porta che di solito ha forma rettangolare,nicchia (C) .Nella nichia **(A)**è riportato il circuito campionatore in funzione di ponte del segnale Vs(esterno vs applicato al nodoP_1) La tensione di uscita v_o però è prelevata ai capi della resistenza **R_L**,nicchia **(b)**,del nodo P_2 e le tensioni di controllo simmetriche ,$+v_c$ e $-v_c$, applicate ai nodi P_3 e P_4 per mezzo della resistenza di controllo **Rc** Nella nicchia **(C)** sono indicate : la tensione di controllo vc, la tensione vs nicchia **(D)** sinusoidale (che però può avere una qualsiasi forma proveniente dalla sorgente Vs) e la tensione di uscita v_o, nicchia **(B)** . Si noti che non è neccessario che il periodo vc coincida con quello di vs sebbene in molti sistemi reali i periodi risultino uguali o muultipli interi. Se si suppone : $V\gamma=0$, **Rf**$=0$,$Rr=\infty$ si evidenzia il funzionamento del dispositivo . Infatti durante l'intervallo di tempo **Tc** essendo $v_c=V_c$ i 4 diodi sono in coduzione e la tensione su ciascuno di essi è zero . I nodi P_1 e P_2 sono alla stessa tensione quindi $\mathbf{v_o=v_s}$, nicchia **(D)** , $\mathbf{v_o}$ è una replica di $\mathbf{v_s}$

SAMPLING GATE

[a]An ideal sampler is a circuit that operates by transmitting a signal whose output voltage vo (output) is, during a given interval in times bit Tc (**c conduction**), the exact reproduction of the voltage input Vs (source s) niche **(D)**, and nothing else, niche **(E)** transfer from Vs via diodes D_1, D_2, D_3, D_4 operators of the signal Vs in connection to the nodes P_1, P_2, P_3, P_4. The time interval $\tau \in t$ for the transfer is determined by an externally applied signal, said control signal or port which usually has a rectangular shape, niche **(C)**. Nichia In **(A)** shows the sampling circuit in function to bridge the signal Vs (external vs applied to node P_1)

The output voltage v_o, however, is drawn across the resistor **R_L**, niche **(b)**, the node P_2 and control voltages symmetrical, $+v_c$ and $-v_c$, applied to the nodes P_3 and P_4 by means of the control resistor **R_c**

In the niche **(C)** are indicated:

the control voltage vc , the voltage **vs**. niche **(D)** sinusoidal (which, however, may have any shape coming from the source Vs) and the output voltage vo , niche **(B)**.

Note that It need not be that the period coincides with that of vc although in many vs real systems the periods are equal to or muultipli integers.

If it is assumed: $V\gamma = 0$, $Rf=0$, $Rr=\infty$ it highlights the operation of the device.

In fact, during the time interval Tc being $vc = Vc$ the 4 diodes are in coduzione and the voltage on each of them is zero.

The nodes P_1 and P_2 are at the same voltage then $v_o = v_s$, niche **(D), $\mathbf{v_o}$** is a replica of $\mathbf{v_s}$

[a] Quasi tutti i circuiti elettronici richiedono un alimentatore che fornisca una tensione continua. Nei sistemi portatili, a basso consumo, si usano le pile o batterie.In certe applicazioni si richiede invece energia alle apparecchiature elettroniche mediante un alimentatore, rappresentato nella **Fig14**.

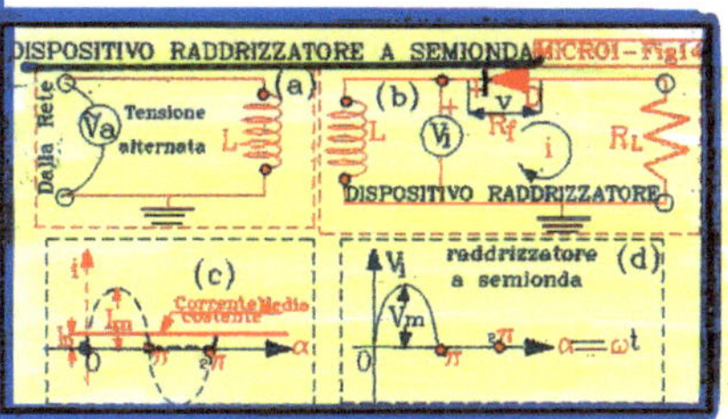

Questo converte , la tensione alternata **Va** ,nicchia (a) ,prelevata dalla tensione di rete Vi (d) alternata e la converte in continua , nicchia **(c)**, del raddrizzatore a semionda (d) Il diodo **D** ideale rappresentato da una reistenza **Rf** di fase. Il dispositivo quindi converte la corrente alternata fornita da Vi in corrente media Im continua. Infatti si ha :

$i = I_m \sin\alpha$ se $0 \le \alpha \le \pi$, $i = 0$ se $\pi \le \alpha \le 2\pi$ con $\alpha = \omega t$ e $I_m = \frac{V_m}{R_L + R_f} = Cost$ (1)

Osservazioni

Un amperometro per corrente continua è costruito in modo che la deflessione dell'ndicie mostri il valore medio della corrente che lo attraversa. Per definizione il valore medio di una funzione periodica $I_{dc} = \frac{1}{2\pi}\int_0^{2\pi} i\,d\alpha$ (2)per il raddrizzatore di un'onda intera e per un raddrizzatore a semiond $I_{ac} = \frac{1}{2\pi}\int_0^{\pi} I_m \sin\alpha\,d\alpha = \frac{I_m}{\pi}$ (3)

[b] Il teorema di Thevenin

Si enuncia << Qualsiasi rete lineare a due terminali può essere sostituita da un generatore uguale alla tensione a circuito aperto tra i due terminali, in serie alla resistenza di uscita vista da quella porta>>

La **Fig16** rappresenta un modello di **Thevenin** per la trasformazione in continua ad opera dei diodi D_1 e D_2 Ciascuno dei quali raddrizza con ciascuna delle cor- renti i_1 ed i_2 , nicchie (C) e (D), sfasate di 180° che si configurano nella doppia semionda raddrizzata della nicchia (E).Infatti si ha: $i_{dc} = I_m/\pi$ (3)

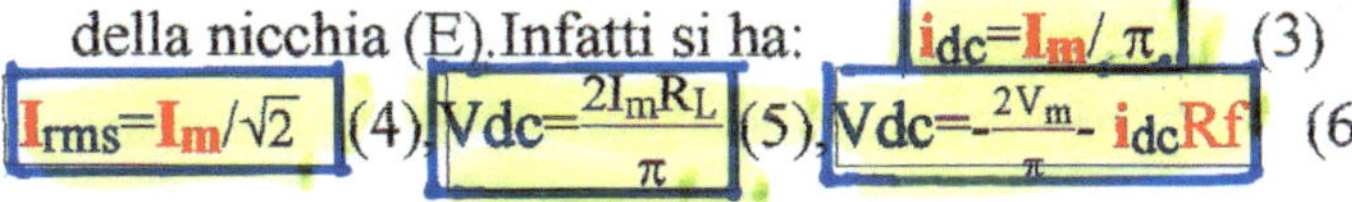

$I_{rms} = I_m/\sqrt{2}$ (4) $V_{dc} = \frac{2 I_m R_L}{\pi}$ (5) $V_{dc} = \frac{2V_m}{\pi} - i_{dc} R_f$ (6)

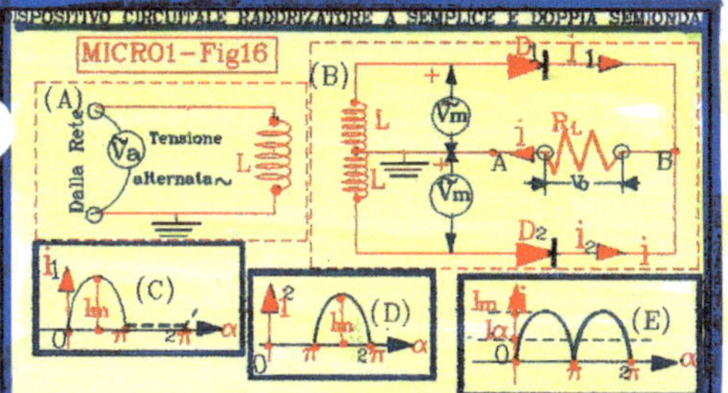

[a] Nearly all electronic circuits require a power supply that provides a voltage. In portable systems, low power consumption, using batteries or battery. In some applications, it instead requires energy to electronic equipment by means of a power-yourself rapresented in **Fig14.**

This converts the alternating voltage **Va** , niche (a), taken from the mains voltage Vi (d)AC and converts it into continuous, niche **(c)**, the half-wave rectifier **(d)**

The diode **D** ideal represented by a tiles the **Rf** of phase. The device then converts Vi the direct current supplied by you in alternatif average current **Im** continues.

In fact we have : $i = I_m \sin\alpha$, if $0 \le \alpha \le \pi$

$i = 0$ se $\pi \le \alpha \le 2\pi$ with $\alpha = \omega t$ And :

$I_m = \frac{V_m}{R_L + R_f} = Cost$

Remarks

A dc ammeter is constructed so that the deflection dell'ndicie show the average value of the current flowing through it.By definition the mean value of a periodic function $I_{dc} = \frac{1}{2\pi}\int_0^{2\pi} i\,d\alpha$ (2) for the whole wave rectifier and to a rectifier demiwawe $I_{ac} = \frac{1}{2\pi}\int_0^{\pi} I_m \sin\alpha\,d\alpha = \frac{I_m}{\pi}$ (3)

[b] Thevenin's theorem

It states << Any linear two-terminal network can be replaced by a generator equal to the open circuit voltage between the two terminals, in series with the output resistance seen by that door >>

The **Fig16** is a Thevenin model for the processing continues to work in the diodes D_1 and D_2

Ciascun of which straightens with each of the currents i_1 and i_2, niches (C) and (D), 180° out of phase that are configured in the full-wave rectified of the enclosure (E).Indeed we have: $i_{dc} = I_m/\pi$ (3)

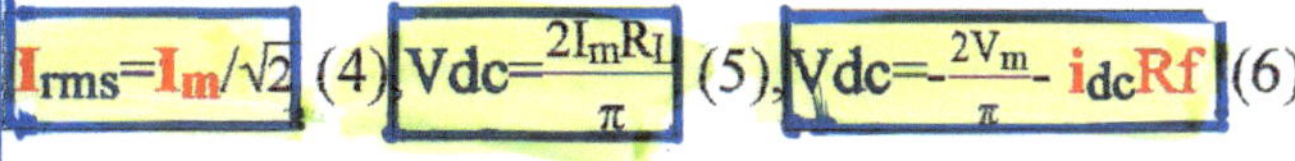

$I_{rms} = I_m/\sqrt{2}$ (4) $V_{dc} = \frac{2 I_m R_L}{\pi}$ (5) $V_{dc} = \frac{2V_m}{\pi} - i_{dc} R_f$ (6)

[a] La **Fig33** rappresenta un raddrizzatore a ponte . Il funzionamento è, in sintesi, il fatto che due diodi conducano simultaneamente. Ad esempio quando la parte di ciclo, nel quale la polarità della tensione è tale che , sul trasformtore **AC**, i diodi **D_1** e **D_3** sono in conduzione, allora la corrente fluisce dal morsetto positivo al negativo nel semiciclio. Se la tensione sul trasformatore inverte la polarità , per cui la corrente attravversa i diodi **D_1** e **D_3** nel primo semiciclo. Nel successivo entrano in tensione i diodi **D_2** e **D_4** .

[b] Alimentatori elettronici

Quasi tutti i circuiti elettronici richiedono un alimentatore che fornisca una tensione continua. Nei sistemi portatili, a basso consumo, si usano le pile o batterie. In certe applicazioni si richiede ,ad esempio energia per le apparecchiature elettroniche . Quindi l'uso di alimentatori del tipo di Fig34.

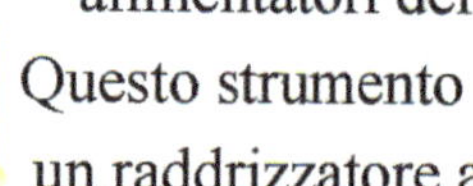

Questo strumento è essenzialmente un raddrizzatore a ponte,salvo che non richiede l'uso di un trasformatore. La tensione da misurare viene prelevata dal potenziale di una **R** Questa **R** determina il fattore di scala.Sulla diagonale del ponte si preleva **Vi** in alternata , converte in continua **Iac**, del raddrizzatore a semionda .

[c] Il circuito moltiplicatore di tensione.

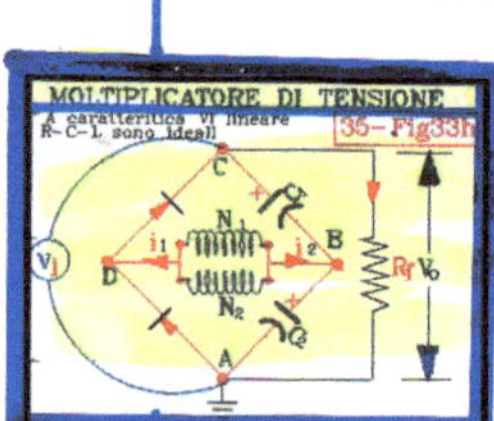

La **Fig35** rappresenta un raddoppiatore di tensione che fornisce all'uscita,in assenza di carico una tensione continua prossima al doppio della tensione max ai capi del trasformatore. Si tenga presente che i componenti **RCL** sono del tipo analogico mentre i diodi sono a carattere digitale come i diodi ed altri semiconduttori come i triodi ed altri che andremo a visitare sono dei semiconduttori . Questo per significare che il moltiplicatore di **Fig35** mostra la compatibilità della simultanea presenza nella stessa rete elettrica. In particolare la resistenza **R_f** di fase è associata alla uscita V_0 del moltiplicatore di tensione.

[a] The **Fig33** is a bridge rectifier. The operation is, in summary, the fact that two diodes conduct simultaneously. For example when the part of the cycle, in which the polarity of the voltage is such that, on trasformtore AC,the diodes **D_1** and **D_3** , are conducting then the current flows from the positive terminal to the negative in semiciclio. If the volt-age on the transformer reverses the polarity, so the current attravversa the diodes **D_1** and **D_3** in the first half-cycle. In the next coming into voltage the diodes **D_2** and **D_4**.

[b] Electronic ballasts

Almost all electronic circuits require a power supply unit that provides a DC voltage. In portable systems, low power consumption, using batteries or batteries. In some applications, it requires, for esempioenergia for electronic equipment. So the use of power supplies of the type of **Fig34**.

This tool is essentially a bridge rectifier, except that it does not require the use of a transformer. The voltage to be measured is taken from the poten - tial of a **R** .This determines the factor scale. This diagonals of the bridge takes you **Vi** into alternating converts continuous **Iac**, the half-wave rectifier.

[c] The voltage multiplier circuit.

The **Fig35** represents a voltage doubler that provides the output, in the absence of a load voltage continue next to twice the maximum voltage across the transformer.

Please note that the components are of the type **RCL** analog while the diodes are in digital font such as diodes and other semiconductor devices such as triodes and others that we will visit are the semiconductor industry.

This is to mean that the multiplier **Fig35** shows the compatibility of the simultaneous presence in the same network elettrica.In particular phase of the resistance **R_f** is associated with the output **V_0** of the voltage multiplier.

Un campionatore ideale è un circuito che opera in trasmissione,la cui tensione di uscita è , durante un determinato intervallo di tempo, la riproduzione esattat della tensione di ingresso, nicchia **(D)**,**Fig10**

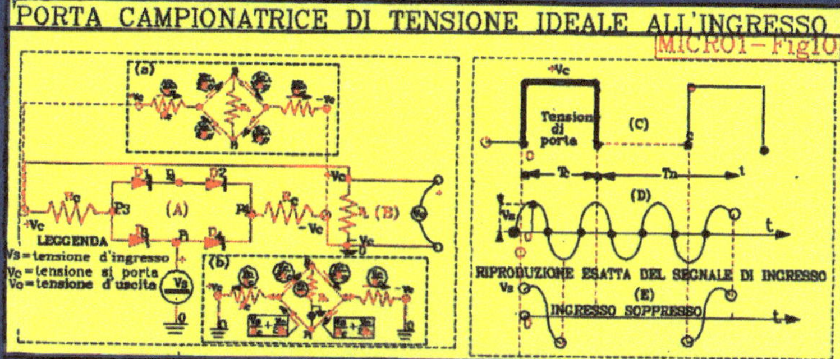

L'intervallo di tempo per il trasferimento del segnale di ingresso è determinato da un segnale esterno **Vc** detto di controllo applicato al sistema di porte P_1,P_3 al solito di forma rettangolare , nicchia **(C)**.

Il circuito digitale è composto da quattro diodi, colleganto ad generatore esterno Vs .Non è necessario che i periodi Vs e di Vc coincidano il che ha per effetto uno sfasamento. La resistenza **R** ha funzioni di controllo . Il funzionamento può essere riassunto in modo semplice . Durante l'intervallo di tempo **Tc** i diodi D_1,D_2,D_3, D_4 sono tutti inconduzione e che nell'intervallo To siano tutti interdetti. Se si verifica lo stato Vc=-Vn e Vc=+Vn e v(s)=V(s) che rappresenta la tensione di picco positiva del segnale.

Allora supposto che tutti i diodi siano polarizzati inversamente per cui, si ha Vo=0. In tale ipotesi ,nicchia(B) , D_1,D_2, sono polarizzati inversamente con una tensione Vn e D_3 è polarizzato inversamente con una tensione Vn+Vs e che la tensione su D_4 vale Vn-Vs . Quindi i diodi D_1,D_2 e D_3 sono interdetti per qualunque valore di Vn e **Vs** e D_4 è interdetto nel caso in cui Vn ≥ **Vs (a)**, cioè se il valore di minimo di Vn è dato dalla (Vn)min=**Vs**. In altre parole vi è un limite inferiore all'ampiezza della tensione di controllo durante il perido **Tn** di non conduzione, nicchia **(a)**

An ideal sampler is a circuit that operates in transmission, whose output voltage is, during a given time interval, reproduction esat-tat of the input voltage, niche **(D)**, **fig10**

This time interval for the transfer of the input signal is determined by an external signal Vc applied to said control system of ports P_1, P_3 usual rectangular, **niche (C)**.

The digital circuit is composed of four diodes, connected to external generator ganto **Vs**.

It is not necessary that the periods coincide **Vs** and **Vc** which has to effect a phase shift. The resistance **R** has functions of control. The operation can be summarized in a simple mo-do.

During the time interval **Tc** the diodes : D_1, D_2, D_3, D_4 are all inconduzione and that are all in the range of To interdicted.

If it checks the status Vc = -Vn and Vc=+Vn , wich v (s) = V (s), that represents the positive peak voltage of the signal.

Then assumed that all the diodes are polarized inverse for which, it has Vo = 0.

In this hypothesis, nicchia (B), D_1, D_2 are reverse biased with a voltage **Vn** and D_3 is reverse biased with a voltage Vn Vs and the voltage of D4 applies Vn-Vs.

Hence the diodes D_1, D_2 and D_3 are interdicted for any value of **Vn** and **Vs** and D_4 is prohibited in the case where **Vn ≥ Vs (a)**, ie if the value of min is given by (Vn) min = **Vs**

In other words there is a lower limit to the width of the voltage-control during the period we **Tn** non conduction, niche **(a)**

[a] La **Fig5-a** ,consente di rappresentare le caratteristiche essenziali del transistor circuitale attivo. Al transistor **p-n-p** sono applicati due generatori di tensione che servono per polarizzare la giunzione **base-emettitore** nella direzione della **conduzione diretta**, la giunzione collettore base nella direzione inversa . La variazione di potenziale è rappresentata nella **Fig5-b** Come si vede i potenziali dei generatori $\mathbf{V_{EB}}$ e $\mathbf{V_{CB}}$ sono applicati ai terminali della giunzione del transistor. Questo, in codizioni oppone la barriera di potenziale della giunzione di emettitore e di quella di collettore. La tensione totale che i generatori esterni applicano alla giunzione è **Vo** . Quindi la polarizzazione diretta della giunzione di collettore innalza la bariera di potenziale tra collettore e la base di $\mathbf{V_{CB}}$. Abbassando il potenziale, fra la barriera e la base del transistor consente una iniezione di portatori minoritari ,cioè le lacune iniettate nella base e gli elettroni nella regione di emettitore Le lacune in ecces-eccesso si diffondono nella base di tipo **n** , nella quale l'intensità del campo elettrico $\bar{E}$ è nulla,verso la giunzione di collettore.In altri termini le lacune che arrivano in $\mathbf{J_C}$vengono accelerate per cui scendono la barriera di potenziale e sono raccolte dal collettore.

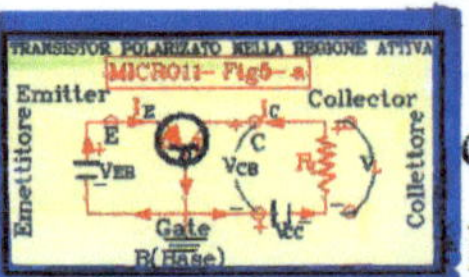

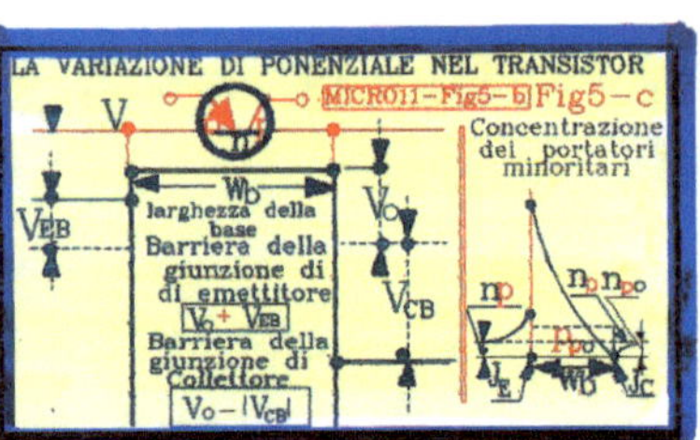

Analogamente la polarizzazione inversa della giunzione di collettore riduce a zero in $\mathbf{J_C}$ la densità degli elettroni del collettore $\mathbf{n_p}$ le curve della concentrazione dei portatori minoritari posono essere confrontate con i corripondenti andamenti delle concentrazioni di una giunzione **p-n- p** polarizzata direttamente, **Fig5-c** .

[b] COMPONENTI DELLA CORRENTE DI UN TRANSISTORE

Nella **Fig 3a** sono riportate le correnti di emettitore $\mathbf{I_E}$ di collettore $\mathbf{I_C}$ attraversano la giunzione con J_E ed J_C polarizzazione ,nicchia **(b)** di V_{EB} e V_{CC} sul caricoR_L

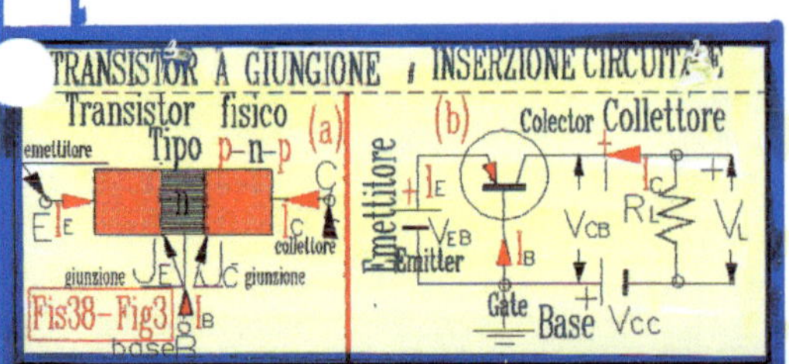

[a] The **Fig5-a**, used to represent the essential characteristics of the transistor circuit active. At **p-n-p** transistor are applied to two voltage generators that are used to polarize the **base-emitter** junction in the direction of the **direct conduction**, the base collector junction in the reverse direction. The potential variation is shown in **Fig5-b** As can be seen the potential of the generators $\mathbf{V_{EB}}$ and $\mathbf{V_{CB}}$ are applied to the terminals of the junction of the transistor. This, in encoded-tions opposes the potential barrier of the junction of the emitter and the collector. The total voltage generators that apply to the external junction is **Vo**. So the direct polarization of the junction of the collector raises the bariera of potential between the collector and the base of the $\mathbf{V_{CB}}$. Lowering the potential, between the barrier and the base of the transistor allows an injection of minority-carrier bulls, ie the holes injected into the base and the electrons in the region of emettitoreLe gaps in excessive excess spread in the **n**-type base, in which l 'intensity of the $\bar{E}$ electric field is zero, towards the junction-tion collettore.In other words, the gaps arriving-compartment $\mathbf{J_C}$ are accelerated so down the potential barrier and are gathering collector.

Similarly, the reverse bias of the collector junction reduces to zero at $\mathbf{J_C}$ electron density of the collector $\mathbf{n_p}$ curves of the concentration of minority carriers have access corripondenti be compared with the trends of concentrations of a **p-n-p** junction polarized directly, **Fig5 -c**.

[b] CURRENT COMPONENTS OF A TRANSISTOR

In **Fig 3a** shows the emitter current $\mathbf{I_E}$ and of collector $\mathbf{I_C}$ cross the junction with J_E and J_C polarization , niche **(b)** of V_{EB} and V_{CC} on charge R_L

[a] La **Fig11-Fis38** mostra un amplificatore operazio-

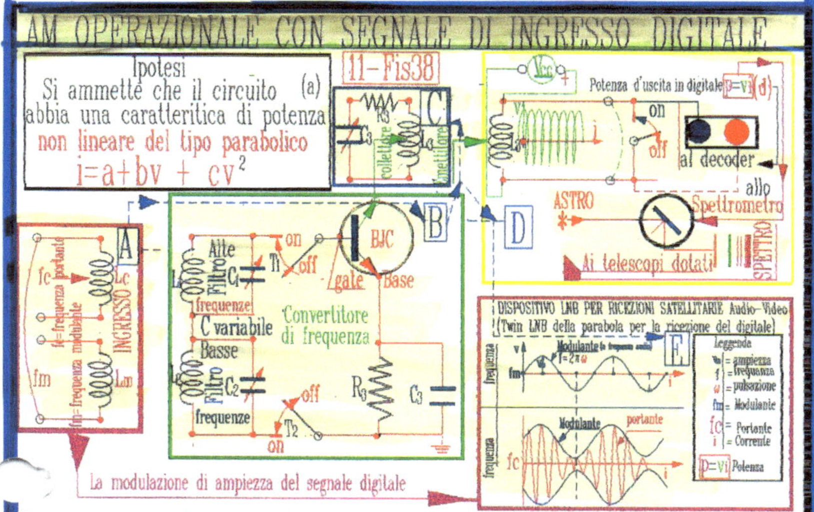

nale per trasmisssioni audio videto Terra.Satellite Terra Audio video digitali , alla utenza tramite il decoder per la conversione dei segnali digitali in fomato alla visone diretta . L'ingresso **[A]** è il trasmettitore di

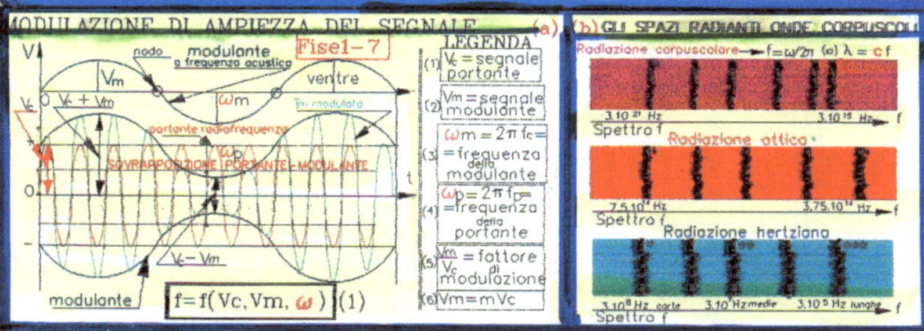

ingresso dei segnali a **fc** frequenza d'onda portante ed **fm** modulante formalizzate nel modo seguente:

-**Portante** alla frequenza radio: $V_c(t)=V_c.\sin\omega_c.t$ (1), essendo ω_c la pulsazione della portante (carrier) data dalla $\omega_c=2\pi f_c$ (1_1) e quindi la frequenza della carrier risulta: $f_c=2\pi/\omega_c$ (1_2) .Analogamente si ottiene per la

-**Modulante** a frequenza audio: $V_m(t)=V_m.\sin\omega_m.t$ (2) e quindi : $\omega_m=2\pi f_m$ (2_1) $f_m=2\pi/\omega_m$ (2_2)

Nella nicchia (b) sono messe a confronto le frequenze espresse in **Herzt** . Si noti ,nicchia(b) che i segnali audio -video sono compresi fra le bande di frequenza video(da $7{,}50.10^{14}$ Hz a $3{,}75.10^{14}$Hz) . **La frequenza delle radiazioni è fondamentale per conoscere il creato**

[a] The **Fig11-Fis38** shows a amplifier operational for trasmisssioni audio video .

Satellite Earth Audio digital video to the user via th decoder for converting digital signals to fomato mink live.

The input **[A]** is the transmitter of signals input to carrier wave frequency **fc** and **fm** modulating formalized as follows:

the radio frequency-Carrier:

$$V_c(t) = V_c.\sin\omega_c.t \quad (1).$$

Being ω_c the pulsation of the carrier (carrier) , given by $\omega_c = 2\pi f_c$ (1_1) and therefore the frequency of the carrier is :

$$f_c = 2\pi/\omega_c \quad (1_2).$$

Likewise is obtained for therequency -**modulating** audio:

$$V_m(t)=V_m.\sin\omega_m.t \quad (2)$$

, and then: $\omega_m = 2\pi f_m$ (2_1) , $f_m = 2\pi/\omega_m$ (2_2)

In the niche (b) are compared to the frequencies expressed in **Herzt**.

Note, niche (b) that the audio-video signals are comprised between the frequency bands video (from $7{,}50.10^{14}$ Hz to $3{,}75.10^{14}$ Hz).

The frequency of radiation is critical to know the created.

[a] Il doppio circuito rappresentato nella Fig4 (a) è

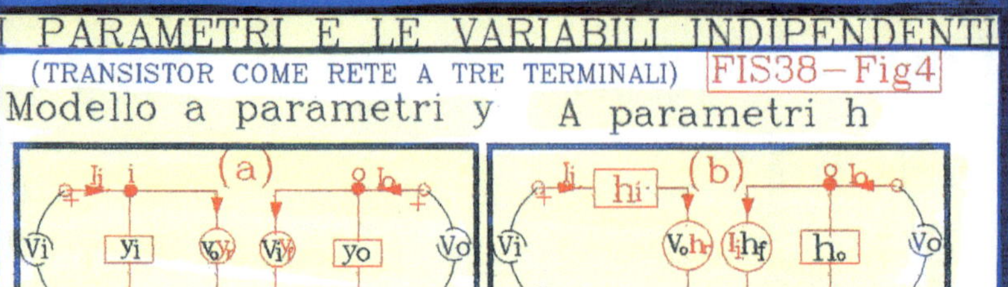

stato ottenuto con considerazioni di elettrrotecnica generale .Le impedenze ed ammettenze di ingresso Vi e di uscita Vo possono essere misurate direttamente ma si deve aggiungere a quali terminali che cosa si è misurato secondo la teoria delle reti lineari. In questo caso si considerano variabili le tensioni di ingresso Vi e correnti I_i : $I_i = y_i V_i + y_r V_o$ (1), $I_o = y_f V_i + y_o V_o$ (2) con y_i e simili definite come ammettenze. Ad esempio si ha $y_i \equiv [I_i/V_i]_{Vo=0}$ (3) , $y_o \equiv [I_o/V_o]_{Vi=0}$ (4) come parametri di ingresso .Per le ammettenze di traf.diretta si scrive : $y_f \equiv [I_o/V_i]_{Vo=0}$ (5) , $y_r \equiv [I_i/V_o]_{Vi=0}$ (6)

I parametri $\{y_i, y_o, y_f, y_r\}$ di un transistor può essere interpretato come un modello circuitale, in accordo con (a). Va precisato che le scatole rettangolari sono relative alle impedenze delle equazioni di nodo (Kircchoff)

Se invece delle tensioni come grandezze indipendenti si scelgono le correnti associata al parametro z, possiamo scrivere : $V_i = z_i I_i + z_r I_o$ (7) , $V_o = z_f I_i + z_o I_o$ (8)

[b] Definizione dei parametri h Modello **(b)** Per il transistor, e in generali nei quadripoli,il parametro **h** (**ibrido**) dà: $V_i = h_i I_i + h_r V_o$ (9) , $I_o = h_f I_i + h_o V_o$ (10)

Se si assume la corrente di ingresso I_i e la tensione di uscita V_o ,della (9) e della (10) anche i parametri sono misti (ibridi).Quindi dalle(9) e (10) si deduce :

$h_i \equiv [V_i/I_i]_{Vo=0}$ (11), $h_o \equiv [I_o/V_o]_{I_i=0}$ (12)

$h_f \equiv [I_o/I_i]_{Vo=0}$ (13), $h_r \equiv [V_i/V_o]_{I_i=0}$ (14)

Il significato elettrico dei parametri $\{h_i, h_o, h_f, h_r\}$ (h)

- h_i =Impedenza di ingresso con uscita Vo in C.C.
- h_o =Ammettenza di ingresso con uscita a vuoto
- h_f =Rapporto di trasferimento di corrente in C.C.
- hr = Rapporto di trasferimento ingresso I_i a vuoto

a]The dual circuit shown in Fig4 (a) was obtaine with considerations elettrrotecnica general. Impedances and admittances input Vi and of outpu Vo can be measured directly but must be added to such terminals what was I as measured according to the theory of linear networks. In this case we consider variables the input voltages Vi and current I_i : $I_i = y_i V_i + y_r V_o$ (1), $I_o = y_f V_i + y_o V_o$ (2) with y_i and the like as defined admittances. For example it has: $y_i \equiv [I_i/V_i]_{Vo=0}$ (3) , $y_o \equiv [I_o/V_o]_{Vi=0}$ (4) as input parameters.

Admittances For direct transfer you can write: $y_f \equiv [I_o/V_i]_{Vo=0}$ (5) , $y_r \equiv [I_i/V_o]_{Vi=0}$ (6)

The parameters $\{y_i, y_o, y_f, y_r\}$ of a transistor can be interpreted as a circuit model, in accordance with (a). should be noted that the rectangular boxes are relati-ve to the impedances of the node equations (**Kircchoff**)

If instead of the voltages are chosen as independent variables the currents associated with the parameter z,can we write $V_i = z_i I_i + z_r I_o$ (7) $V_o = z_f I_i + z_o I_o$ (8)

[b] Definition of the parameters h Model **(b)**

For the transistor, and in general in the quadrupole, the parameter **h (hybrid)** gives:

$V_i = h_i I_i + h_r V_o$ (9) , $I_o = h_f I_i + h_o V_o$ (10)

If assume the input current I_i and the output voltage V_o, of (9) and (10) the parameters are also mixed (hybrid). Then from (9) and (10) we to infer :

$h_i \equiv [V_i/I_i]_{Vo=0}$ (11), $h_o \equiv [I_o/V_o]_{I_i=0}$ (12)

$h_f \equiv [I_o/I_i]_{Vo=0}$ (13), $h_r \equiv [V_i/V_o]_{I_i=0}$ (14)

The meaning of the electric parameters: $\{h_i, h_o, h_f, h_r\}$ (h) :

- hi= impedance input with output Vo in C.C.
- ho= input admittance with load output
- hf = Ratio of current transfer in C.C
- hr = inverse ratio of open-circuit I_i=0

La ricerca scientifica per sudiare la materia ha preso di mira il nucleo degli atomi. Allo scopo costruendo acceleratori ,**Fig23.** di particelle .Alla descrizione in figura riassumiamo il funzionamento. Il **sebatoio** contiene preselezionati dei **protoni** e il **serbatoio** dei neutroni. Mediante un canale magnetio vengono accelerate a 200 Mev per poi essere immesse nell'anello superiore ed ulteriormene accelerate fino a 8 **GeV**(unità 1eV) A questo punto entrano nella camera di inversione per cui i protoni sono lanciati in un verso e I neutroni nel verso opposto. Dal cozzo per adeguata densità delle particelle gli atomi si frantumano dando luogo alla mascita di subparticelle quali i muoni ,pioni,nutrini .... Ma come è possibile calcolare la energia di queste .

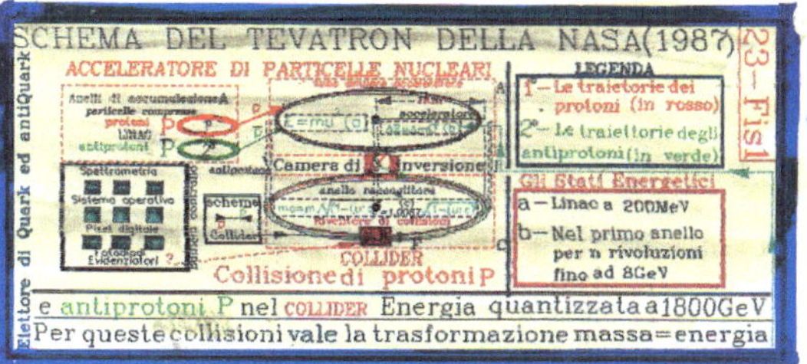

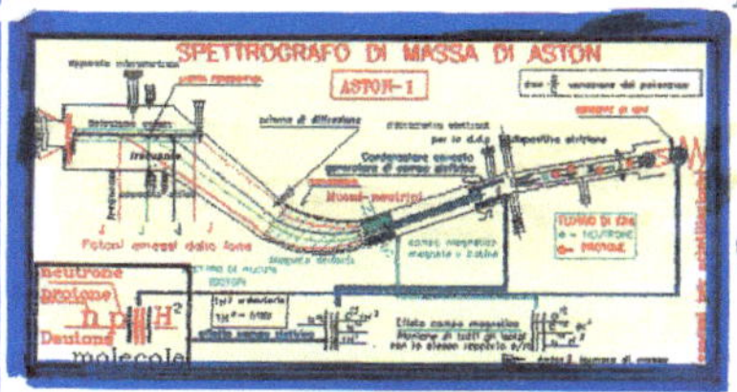

Ecco la unione dell'Homo sapien all'Homo faber, nel caso lo spettrografo di massa Aston Fig1 Gli ioni delle particelle coinvolte entrano in W ,mediante campi elettromagnetici (nel caso l'idrogeno$_1H^1$) gli elettrroni degli atomi coinvolti si dispiegano secondo le frequenze ottiche dei colori . Questo è il punto essenziale : sono le frequenze che rivelano mediante gli spettri la natura dell'atomo di appaartenenza . In generale le stelle posseggono una atmosfera ricca di $_1H^1$Ad esempio, **Fig49-Mod** si riferisce allo spettro , nicchia (c) di $_1H^1$della grande nube di **Magellano**,Magelanic stream Lo spettro del suo $_1H^1$ (1 unico elettrone) descrive la sequeza spettrale da n 656,28 =λ_3 a 383,54 = λ_9 Questo elettrone,per la legge di transizione di Bohr per effetto termico descrive dei livelli(orbite) di energia cinetica sempre maggiore nell'avvicinarsi al nucleo. La legge delle trasizioni per $_1H^1$ di **Bohr** esprime i livelli energetici in frequenza $f=[W_j-W_i)/h]$ (1), con **h quanto di azione** (Plank)

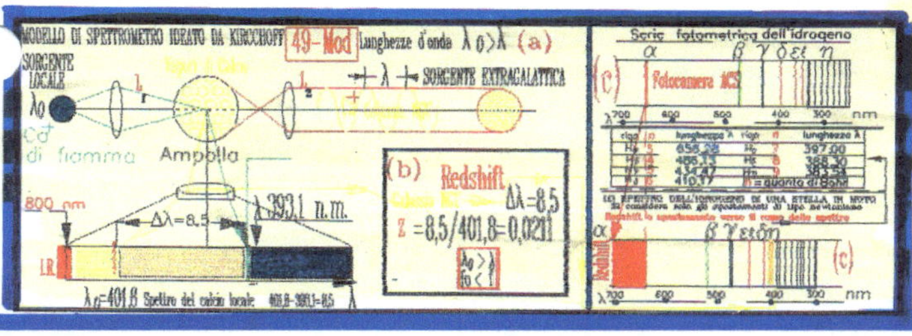

Scientific research for sudiare matter has P reos target the nucleus of atoms. In order building accelerators, **Fig23**. of particles. At the description in figure summarize the operation. The **canister** contains preselected **protons** and **neutrons** of the tank. Through a channel magnetio are accelerated to 200 MeV and then be released in the ring top and ulteriormene accelerated up to 8 **GeV** (unit 1 eV) At this point, enter the reversing chamber to which the protons are launched in a reverse and neutrons in the other. From the clash for the appropriate density of the particles atoms giving rise to shatter mascita of subparticles such as muons, pions, nutrini .... But how is it possible to calculate the energy of these. Here the union Homo sapien Homo faber, in the case the spectral-trografo mass Aston Fig1 The ions of the particles involved in entering W, using electromagnetic fields (in case the idrogeno1H1) elettrroni of the atoms involved unfold according to the optical frequencies of the colors. This is the essential point: the frequencies that are revealed through the spectra of the nature of the atom beeloging. In general the stars possess a rich atmosphere $_1H^1$Ad example, **Fig49-Mod** refers to the spectrum, niche **(c)** $_1H^1$ of Large **Magellanic** Cloud, **stream Magelanic**

The spectrum of his $_1H^1$ (1 single electron) describes the spectral sequence mode **n 656.28** = λ_3 , to **383.54** = λ_9

This electron, for the transition law of Bohr for thermal effect written levels (orbits) of increasing kinetic energy when approaching the core.

The law of trasizioni for $_1H^1$ expresses the Bohr energy levels sumption frequency $f = [W_j-W_i)/h]$ (1), with the **quantum of action h** **(Planck)**

N. BOHR 1885 – 1962

M. PLANK 1858 – 1947

Ci limitiamo a segnalare ,colonna (5) il rappoto fra

I SEGNALI DEI CAMPI ELETTROMAGNETICI (La metrica delle emmissioni) frequenza f ▼ lunghezza ▼ d'onda λ

(1) Natura della Radiazione	(2) Specie della Radiazione	SORGENTE	(3) Energia radiante in MeV	(4) Tensione volt V	14-Ttbr Uso	(5) Frequenza $f=c/\lambda \sim Hz$	(6) Lunghezza d'onda λ in nano metri	n.m.
Raggi	Cosmici	Gas stellari	10				N.B. La lunghezza d'onda si usava esprimerla in Angstrom Ora le C.E.U ha imposto come unità il nano metro	
nucleari α di Rottura	Elio (2He 4)	SPAZIO CORPUSCOLARE	10^{+13}	$1000\ 10^{+7}$		$3\ 10^{21}$		10^{-4}
β−	Negatoni	emissione Nucleo dell'atomo o della molecola	10^{+12}	$1236\ 10^{+6}$		$3\ 10^{20}$		10^{-3}
β+	Positroni	Radioattività e frantumazione con acceleratori	10^{+10}	$1236\ 10^{+5}$	Radioterapia	$3\ 10^{19}$		10^{-2}
Raggi luce γ	Fotoni (hf)		10^{+9}	$1,236\ 10^{+4}$	Radiografia	$3\ 10^{18}$		10^{-1}
Spazio della Diffrazione			10^{+8}	$1236\ 10^{+3}$	La(57)-Zn(3)	$3\ 10^{17}$		1
Spettri di	primatica		10^{+7}	12,36	fotometria	$3\ 10^{16}$		10
diffrazione	Atmosferica		10^{+6}	1,236	fotometria	$3\ 10^{15}$		100

	Specie	sorgente	Tensione	usi	Frequenza	Lunghezza dell'onda $\vec{K}-\vec{H}$		
	ultravioletto	Hg (gassoso)	<1V	fotometria	$1,1821\ 0^{15}$ Hz	λ→2537 Å	0,2537 μ	$2537\ 10^{-7}$ m
Spazio SPETTRO VISIBILE Ottico	Violetto	Spazio	-----		$7,50\ 10^{+14}$	λ→4000	0,4000	$4000\ 10^{-7}$
	Verde	altri	<1V			λ→		
	Rosso	ottico	-----		$3,75.10^{+14}$	λ→8000	0,8000	. $00\ 10^{-7}$
Limite	Infrarosso	sole	-----		$5,66\ 10^{12}$	λ→530000	53 μ	$5,3.10^{-5}$ m
Spazio Hertziano Elettro Magnetico	Bose				$5,00\ 10^{14}$	λ→ $6\ 10^{7}$	$6\ 10^{3}$	$6\ 10^{-3}$
	Righi				$1,20\ .10^{10}$	λ→ 5.10^{8}	5.10^{4}	5.10^{-22}
	Corte				$3,00\ ,10^{8}$ $3,00\ .10^{7}$	λ→ 1.10^{10} λ→ 1.10^{11}	1.10^{6} 1.10^{7}	1. m 1.10^{1}
	Medie				$3,00\ .10^{6}$ $3,00\ .10^{5}$	λ→ 1.10^{12} λ→ 1.10^{13}	1.10^{8} 1.10^{9}	1.10^{2} 1.10^{3}
	lunghe				$3,00\ .10^{4}$	λ→ 1.10^{14}	1.10^{10}	1.10^{4}

la vlocità della luce nel vuoto e la unghezza d'onda l espressa dalla relazione fondamentale: $f=c/\lambda$ **(5)** relativa alla distribuzione delle frequenze del campo elettromagnetico {$\vec{K}$, $\vec{H}$} , pg95 e successive .Infatti la velocità della luce delle radiazioni è il legame che madre natura ha dato all'uomo per consentirgli di indagare sulla immensità della creazione. Tutti i più grandi ingegni hanno cercato di sciogliere il mistero. Il dilemma è materia o energia? Per **Newton** si tratta di materia corpuscolare per **Huygens** è pura energia definita dalla **(5)** La luce è un dono del creatore < fiat lux e lux fuit! >L'uomo senza occhi sarebbe ridotto ad un vegetale. E'stato **Einstein** a diradare in parte le tenebre. Attribuendo alla luce una velocità limite **c** , se si diffonde nel vuoto. Come dire che **c** è una costante a carattere assiomatico(vera fino a quando non si dimostri il contrario). La misura di **c** sia **c risultata** $c=299.999,45$ km s^{-1}, arrotondata dagli astrofisici per ragioni applicative a 300.000 kms^{-1}.Questa è cosa diversa dalla **c =Cost** di (5) , con **f ≡ energia** (6)

SIGNS OF RADIATION FIELDS pg-117

We just want to remind, column **(5)** the rappoto between speed of light in vacuum and ength λ wave fundamental expressed by the relation: $f=c/\lambda$ (5)

on the distribution of frequencies of the electromagnetic field {$\vec{K}$, $\vec{H}$}, pg95 and later.

Fact, the speed of light radiation is the bond that mother nature has given to man to enable him to investigate the immensity of creation. All the greatest minds have tried to solve the mystery. The dilemma is matter or energy? For **Newton** it is for **Huygens** corpuscular matter is pure energy defined by **(5)**

The light is a gift of the creator

<fiat lux and lux fuit! >

The man without eyes would be reduced to a vegetable.

Einstein draws in part to dispel the darkness.

By giving birth to a speed limit **c**, if it spreads in a vacuum.

How to say that there is a so many in axiomatic (true until proven otherwise).

The measurement of **c** is **c** , result:

$c = 299999.45$ km s^{-1}, rounded off by astrophysicists application for reasons to 300,000 kms^{-1}.

This is worck different from **c = Cost** of (5) , with **f ≡ Energy** (6)

Nel chiudere questo capitolo e sulla base di quanto precede come abbiamo costatato la frequenza $\underline{f}(\lambda)$di una radiazione luminosa è rappresentata da una correlazione che lega i fotoni polifrequenziali dell'onda fiffusa nel vuoto dalla correlazione:

$$\underline{f}(\lambda)=c/\lambda=[(W_i-W_j)/h]=\frac{(\lambda_o - c)}{d\,H_o} \quad (1)$$

La frequenza è quindi inversamente proporzionale alla sua lunghezza ed ai due livelli di energia che l'elettrone eccitato passa dal livello i al livello j (legge di trasizione di **Bohr**) ed inoltre dalla distanza a cui si trova la sorgente d dell'elettrone. Infatti i parametri c,h,H_o,sono rispettivamente: la velocità della luce nel vuoto c,la costante dei quanti di **Planck** h, la costante della espansione astrofisica universale Ho . La costante λo è la lunghezza d'onda misurata in un laboratorio dell'elettrone che si trova distante d , anni luce dalla terra.Infatti , legge **Einstein-Hubble** $d(\lambda)=\frac{zc}{H_o}$ (2) essendo $z=\frac{\lambda_o - \lambda}{\lambda_o}$ consente ,leggendo λ nello spettro stellare e λo nell'atomo corrispondente di calcolare la distanza delle stelle dalla eclittica . In particolare con riferimento ai quasar (ammassi stellari che fugguono da noi a velocità prossima a quella della luce) rilevato z si calcola d. Una curiosità gli astrofisici **Mather** e **Smoot,**Nobel,hanno scperto i relitti del Big.Bang e con la (2) calcolato l'età del creato, nato, secondo loro 13,7 miliaridi di anni fa o, il che fa lo stesso, i confini della creazione distano da noi 13,7 miliardi di anni luce. Questi dati ,di risonanza mediatica ,vanno presi con "prudenza". Non è solo una questione di precisione. Il fato è che le leggi come la (1) solo il Creatore può conferire certezza oltre i confini del tempo. Insomma c'è, oltre un certo limite della conoscenza, una impotenza a concludere. Ciò non significa chesi debba rinunciare alla conoscenza ,anzi ha un ruolo fondamentale che è quello di stabilire un legame fra l'esperienza e la logica matematica .Fra la materia e l'energia In proposito :

[a] Come rappresentare le frequenze?.

In closing this chapter and on the basis of the foregoing, as we have noted the frequency (1) of a light radiation is represented by a correlation that binds the photons polifrequenziali fiffusa wave in vacuum from the correlation:

$$\underline{f}(\lambda)=c/\lambda=[(W_i-W_j)/h]=\frac{(\lambda_o - c)}{d\,H_o} \quad (1)$$

The frequency is inversely proportional to its length and to the two energy levels that the excited electron passes from the level i to the level j (law of transistion of **Bohr**) and also from the distance at which the source is located d electron. In fact, the parameters c, h,HoI, respectively, are: the speed of light in vacuum c, the **Planck** quantum constant h, the constant expansion of the universal Ho astrophysics. The constant λo is the wavelength measured in a laboratory of the electron which is located distant d, light years from terra.Infatti, **Einstein law-Hubble** : $d(\lambda)=\frac{zc}{H_o}$ (2) being $z=\frac{\lambda_o - \lambda}{\lambda_o}$ llows reading λ_o in the spectrum stellar and the atom corresponding to calculate the distance of the stars from the ecliptic. In particular, with reference to the quasar (star clusters that fugguono from us at nearly the speed of light-) detected is calculated z d. A curiosity of the astro-physical **Mather** and Smoot, Nobel, have scperto the wreckage of the econ Big.Bang (2) calculated the age of creation, born, according to them, or 13.7 miliaridi years ago, which does the same , the boundaries of creation surrounding us 13.7 billion light years. These data, resonant media-policy, should be taken with caution. It is not just a matter of precision. Fate is that laws such as (1) only the Creator can give certainty beyond the boundaries of time. In short, there is, beyond a certain point of knowledge, an inability to finish. This does not mean Marquises must relinquish his knowledge, indeed, it has a vital role which is to establish a linkbetween experience and mathematical logic. Between the matter and energy in the way:

[a] How to represent the frequencies.?

1858-1957

MAX PLANCK

NILS BOHR

ALBERTI EINSTEIN

(1858#1962) STOI-XI 1879#1955)

[b] Le frequenze tempo varianti. Assumiamo la forma precedente della parabola modificata: $f(\lambda,t) \equiv at^2+bt+c$ (1) essendo t la variabile tempo e i parametri{ a,b,c }(2) dei numeri reali e/o complessi. Posto $f(\lambda,t) \cap t^2+bt+c=(t-t_1)(t-t_2)=0$ (3) . Questa è la intersezione fra il fuzionale $f(\lambda,t)$ e gli autovalori t_1 e t_2 che la soddisfano. Allora questi autovalori delle radici quadrate della equazione di secondo grado(3) cioè : $t^2+bt+c=0$ (4) . Per il **T.F.**(teorema fondamentale dell'algebrala) la (4) riguardando i parametri **b** e **c** come variabili consente di determinare gli autovalori costituenti la distribuzione delle frequenze. Per il **T.F** la (4) ammette 2 radici . Allora si può enunciare:

[c]Teorema I.

Assunto il parametro b variabile, cioè : $b_1, b_2, \ldots, b_h$ si ottiene una distribuzione numerica reale positiva Nel fatto Per un generico parametro b_h si trova:

$$t_h=\frac{-b_h+\sqrt{b_h^2-4c}}{2} \quad (4) \quad , \rightarrow\sum_{h=1}^{+\infty} t_h=\sum_{h=1}^{+\infty}\frac{-b_h+\sqrt{b_h^2-4c}}{2} \quad (5)$$

con **b** variabile e **c** fissato e se risulta: $\Delta \geq (b_h^2-4c)^{1/2}$

[d]Teorema II . Allo stesso modo si consideri variabile il paramtero $c_1, c_2, \ldots, c_i$ .Allora si avrà una distribuzione di numeri distinti non negativi, se il discriminante della (4) risulta: $\Delta \geq (4c-b_h^2)^{1/2}$. Quindi per un generico parametro $\mathbf{c_i}$ si trova l'autovalore:

$$t_i=\frac{-b_h-\sqrt{4c_i-b_h^2}}{2} \quad (6) , \quad \rightarrow\sum_{i=1}^{+\infty} t_i=\sum_{i=1}^{+\infty}\frac{-b_h-\sqrt{4c_i-b_h^2}}{2} \quad (7)$$

Sommando(5)+(7)risulta: $\sum_{h=1}^{\infty} t_h + \sum_{i=1}^{\infty} t_i = \sum_{h=1,i=1}^{\infty}(t_h+t_i)$ (8)

cioè : $\sum_{h=1}^{+\infty}\frac{-b_h+\sqrt{b_h^2-4c}}{2} + \sum_{i=1}^{+\infty}\frac{-b_h-\sqrt{4c_i-b_h^2}}{2}$ (9)

La (9) è la serie delle frequenze intese come distribuzione di valori reali ottenibili come rappresentazione grafica con la **parabola indicatrice** di **Fig2-Amo** nei punti intersezione . Siano a valori positivi $x_b \equiv t_h$ (a) che negativi $x_i \equiv t_i$ .Per la **parabola indicatrice** ad asse orizzotale si considerano , nicchia**(5)** , i valori immaginari $j=\sqrt{-1}$ di **F.C. Gauss**. della(3)

[b] The time-varying frequencies.

Assume the previous form of the parable amended as follows: $f(\lambda,t) \equiv at^2+bt+c$ (1) being the time variable t and the parameters{a,b,c}(2) of real numbers or complex.Place $f(\lambda,t) \cap t^2+bt+c=(t-t_1)(t-t_2)=0$ (3). This is the intersection between the function $f(\lambda,t)$ and eigenvalues t_1 , t_2 that satisfy it. Then these eigenvalues of the square roots of the quadratic equation (3), that is: $t^2+bt+c=0$ (4). For the **TF** (fundamental theorem that dell'algebrala) the (4) concerning the parameters b and c as variables used to determine the eigenvalues forming the distribution of frequencies. From the **T.F** (4) admits two roots . Then you can put it differently:

[c] Theorem I. Thesis the parameter b variable, namely: $b_1, b_2, \ldots, b_h$ is obtained a positive real number distribution.In fact for a generic parameter b_h is:

$$t_h=\frac{-b_h+\sqrt{b_h^2-4c}}{2} \quad (4) \quad , \rightarrow\sum_{h=1}^{+\infty} t_h=\sum_{h=1}^{+\infty}\frac{-b_h+\sqrt{b_h^2-4c}}{2} \quad (5)$$

with **b** and variable **c** fixsed and if it is: $\Delta \geq (b_h^2-4c)^{1/2}$

[d] Theorem II. Similarly, consider the variable parameters $\mathbf{c_1}, \mathbf{c_2}, \ldots, c_i$. Then you will have a distribution of distinct non-negative numbers, if the discriminant (4) is: $\Delta \geq (4c-b_h^2)^{1/2}$. So for a generic parameter there is the eigenvalue:

$$t_i=\frac{-b_h-\sqrt{4c_i-b_h^2}}{2} \quad (6) , \quad \rightarrow\sum_{i=1}^{+\infty} t_i=\sum_{i=1}^{+\infty}\frac{-b_h-\sqrt{4c_i-b_h^2}}{2} \quad (7)$$

Summing (5) (7) is: $\sum_{h=1}^{\infty} t_h + \sum_{i=1}^{\infty} t_i = \sum_{h=1,i=1}^{\infty}(t_h+t_i)$ (8)

namely: $\sum_{h=1}^{+\infty}\frac{-b_h+\sqrt{b_h^2-4c}}{2} + \sum_{i=1}^{+\infty}\frac{-b_h-\sqrt{4c_i-b_h^2}}{2}$ (9)

The (9) is the series of frequencies intended as distribution of real values obtained by the **parabola** as a graphic representation of the **indicator Fig2-A mo** of intersection points. Let a positive $x_b \equiv t_h$ (a) and negative $x_i \equiv t_i$ you. For **idicating** for the **parabola** axis orizzotale are considered, niche (5), the values $j=\sqrt{-1}$ imaginary of **F.C.Gauss** of (3)

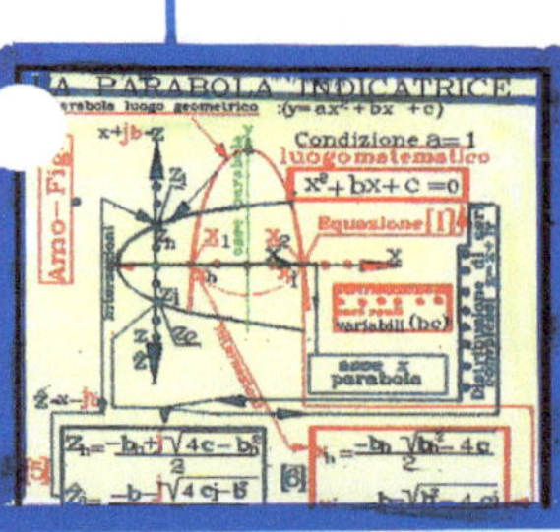

[b] Un po di storia non guasta. Le soluzioni della distribuzione((9)) è riferita a valori reali delle radici della equazione della parabola indicatrice formalizzata: $f(\lambda,t) \cap t^2+bt+c=(t-t_1)(t-t_2)=0$ (3). Radici scoperte da Tartaglia Niccolò,al secolo Nicolò Fontana(1499-1557) Insegnate di matematica a Verona .Primo a risolvere l' equazione di 2° grado: $t^2+bt+c=(t-t_1)(t-t_2)=0 \equiv (9)$ con la condizione $\Delta=b^2-4ac \geq 0$ (a) Ma l'universo fisico è uno spazio in continuo divenire dato che il tempo t trasforma.Il discriminante (a) nella ipotesi $\Delta=b^2-4ac<0$ (b) non ha soluzioni od autovalori t_1 e t_2 reali ma complessi coniugati, giusto il **T.F**. dell'algebra per il quale non esite la radice quadrata di un numero negativo.Da Nicolo a Gauss(1778-1855) gli algebristi si affrontavano nei tornei come in una partita di calcio con premi ai concorrenti più meritevoli. Nulla di nuvo. Ma **Gauss** inventò il numero immaginario j associandolo al tempo fisico che tutto travolge e trasforma ,associandolo a $j=\sqrt{-1}$ per il quale risulta :$j/j=1$(b), e $j^2=-1$ (c). Riprendiamo ora le radici reali tenendo conto della condizione (b). Allora se si moltiplica il radicale per la(b)questo resta invariato.Infatti le precedenti radici reali, moltiplicando il radicale per (b) restano invariate giusto la

$$t_h=\frac{-b_h+\frac{j}{j}\sqrt{b_h^2-4c}}{2} \quad (4)$$

A questo punto basta portare sotto radicale il denominatore della (b). Per la (c) si pò scrivere $t_h=\frac{-b_h+j\sqrt{4c-b_h^2}}{2}$ (5) Allora si scopre che : $\Delta=(b^2-4ac):j^2(b^2-4c):(-1)=4c-b^2>0$ (6). Nel fatto t_h e t_i sono radici complesse coniugate :

$$t_h=\frac{-b_h+j\sqrt{4c-b_h^2}}{2} \quad (6) \qquad t_i=\frac{-b_h-j\sqrt{4c-b_h^2}}{2} \quad (7)$$

In analogia alla ((9)) si ha la serie:

$$\sum_{b=1}^{\infty}\frac{-b_h+j\sqrt{4c-b_h^2}}{2}+\sum_{c=1}^{\infty}\frac{-b_h-j\sqrt{4c-b_h^2}}{2} \quad (8)$$

La Fig4-Am0 mostra lo spazio dei numeri complessi ottenibili dalla (8) variando i parametri b e c . L'asse j immaginario puro corrisponde a $b_h=0$.

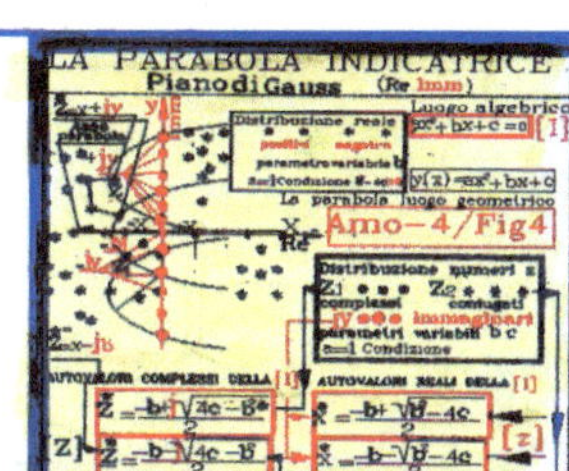

[b] A little history does not hurt. The solutions of the distribution ((9)) is related to the actual values of the roots of the equation of the parabola indicator formalized: $f(\lambda,t) \cap t^2+bt+c=(t-t_1)(t-t_2)=0$ (3) .Roots exposed by Niccolò Tartaglia, born Nicolo Fontana (1499-1557) Teach math in Verona. First to solve the equation of the 2° degree: $t^2+bt+c=(t-t_1)(t-t_2)==0\equiv(9)$ with the condition $\Delta=b^2-4ac \geq 0$ (a) But I know the universal physical space is in constant evolution since the time t trasforma.Il discriminating (a) in the case is: $\Delta=b^2-4ac<0$ (b) has no solutions or eigenvalues t_1 and t_2 real but complex conjugate, just the **TF** dell'algebra for which there is too the square root of a number negativo.By Nicolò at Gauss (1778-1855) algebraists faced each other in tournaments like in a football game with prizes to the most deserving competitors. Nothing nuvo. But Gauss invented the imaginary number j associating it with the physical time that overwhelms everything and transforms, associating $j=\sqrt{-1}$ aj for which it is: $j/j=1$ (b) and $j^2=-1$ (c). We now continue the real roots of taking account of the condition (b). So if you multiply the radical for (b) it remains invaried.Infatti previous real roots, multiplying do the radical (b) remain as the right $t_h=\frac{-b_h+\frac{j}{j}\sqrt{b_h^2-4c}}{2}$ (4) At this point, just bring radical in the denominator of (b).For(c)some write: $t_h=\frac{-b_h+j\sqrt{4c-b_h^2}}{2}$ (5). So it turns out that: $\Delta=(b^2-4ac):j^2(b^2-4c):(-1)=4c-b^2>0$ (6). In fact th and you have complex conjugate roots:

$$t_h=\frac{-b_h+j\sqrt{4c-b_h^2}}{2} \quad (6), \qquad t_i=\frac{-b_h-j\sqrt{4c-b_h^2}}{2} \quad (7).$$

In analogy to ((9)) it has the series:

$$\sum_{b=1}^{\infty}\frac{-b_h+j\sqrt{4c-b_h^2}}{2}+\sum_{c=1}^{\infty}\frac{-b_h-j\sqrt{4c-b_h^2}}{2} \quad (8)$$

The AM0-Fig4 shows the space of complex numbers can be obtained from (8) vary the parameters b and c.The pure imaginary axis j corresponds to $b_h=0$

[a] Il trasformatore ideale di potenza

A pg-63 abbiamopresentato,**Fig20-Fis38** , un circuito elettrico anulare, come dire costituito da una sola maglia. Questo dispositivo elementare è alla base della produzione di segnali del campo elettromagnetico$\{\underline{k}, \underline{h}\}$: Questo è generato dalla f.e.m. $\tilde{e}(t,\omega) = Em \sin(\omega t+ \phi)$(1) Nella quale ω=pulsazione (2π/T) espressa in cicli al secondo .La nicchia **(b)** rappresenta la impedenza: $\underline{Z} = R+j(wL- \frac{1}{\omega C})$(2). Si noti che se manca R(elemento dissipativo di energia,espresso in Ohm) e si pone T(interruttore) in posizione on si realizza un ideale generatore di onde $\{\underline{k}, \underline{h}\}$ in regime risonante. La tecnologia , sintesi fra l'Homo sapiens e l'Homo faber ha fornito un dispositivo ideale di un trasformatore accoppiando due circuiti tipo **(a)Fig20** rappresentati nella ,**Fig5** . Questo dispositivo si può interpretare come due f.e.m. $e_1(t)$ ed $e_2(t)$ fra loro disgiunte che per induzione $\{\underline{D}, \underline{B}\}$,se i rispettivi interruttori**Te1** e **Te2** sono in posizione **off** di corto circuito (**C.C.**) i generatori, gia definiti: $e_1(t)=E_1\sin(\omega_1 .t)$ (3).Applicata al blocco **[A]** del PRIMARIO trasmette per induzione $\underline{B}$ il flusso Φ_{11} concatenato con Φ_{21} Nella ipotesi di un concatenamento perfetto al SECONDARIO Che in base al numero **N_2 di spire rispetto ad N_1** si ha la frequenza desiderata formalizzata dal rapporto $N_2>N_1$ da cui la trasformazione della **f.e.m** : $e_2(t)=E_2 \sin(\omega_2 .t)$ (4), applicata al blocco **[B]** dipende dalla (3) e dal numero delle spire del **primario** e **secondario**

[a] The of the ideal p0wer transformer

A pg-63 abbiamopresentato, **Fig20-Fis38** an electric circuit, annular, as to say consists of a single mesh. This elementary device is the basis of the production of signals from the field electromagnetic $\{\underline{k}, \underline{h}\}$. This is generated by f.e.m. $\tilde{e}(t,\omega) = Em \sin(\omega t+ \phi)$(1) In which ω = pulse (2π/T) expressed in cycles per second there. The niche **(b)** is the impedance: $\underline{Z} = R+j(wL- \frac{1}{\omega C})$(2). Note that if wthout R (dissipative element of energy, expressed in Ohm) and arises T (switch) in the on position is achieved an ideal wave generator $\{\underline{k}, \underline{h}\}$ in the resonant regime. The technology, synthesis between Homo sapiens and Homo faber has provided an ideal device for a transformer to combine two circuits **(a)** type shown in **Fig20**, **Fig5.**

This device can be interpreted as two m.f.e. $e_1(t)$ and $e_2(t)$ separated from each other by induction that $\{\underline{D}, \underline{B}\}$} if the respective switch Te1 and Te2 are in the **off** position Short circuit current (**C.C.**) generators, already defined: $e_1(t) = E_1\sin(\omega_1 .t)$ (3)

Applied to the block **[A]** off **PRIMARY** transmitted by induction $\underline{B}$ flow Φ_{11} concatenated with Φ_{21} The hypothesis of a perfect linkage to **SECONDARY**

Based on the number of **turns** N_2 than N_1 to have the desired frequency formalized by the ratio $N_2> N_1$ from which the transformation of the m.e.f: $e_2(t)=E_2 \sin(\omega_2 .t)$ (4), applied to the block [B] depends on (3) and from the ratio of the number of turns between the **primary** and **secondary**

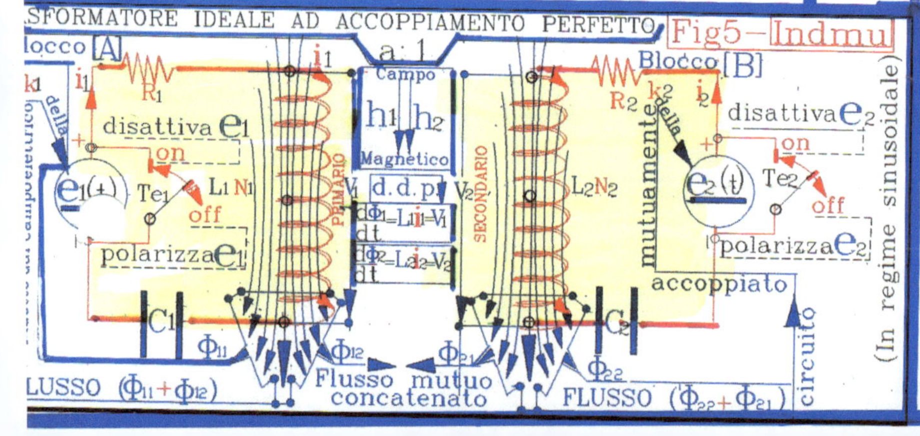

(dai dispositivi di potenza al digitale)

[a]Funzionamento in frequenza del Primario

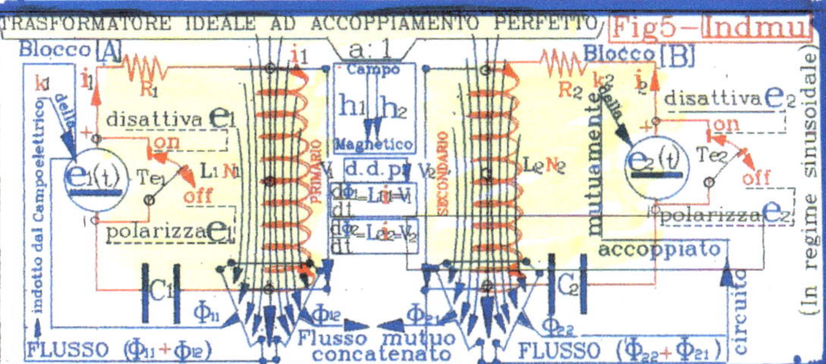

Riassumiamo quanto detto.

Nel Blocco[A]del **PRIMARIO** di N_1 spire è stato introdotto un generatore di tensione ((3)) che supponiamo C.C.all'istante t_o=0 (allo scopo basta chiudere l'interruttore T_{e1}(**in on**). Nel Blocco [B] disgiunto da **[A]** (anche lontano) l'indotto **SECONDARIO** di N_2 spire . La teoria assiomatica della induzione elettromagnetica {D =spostamento elettrico; B induzione magnetica} ci assicura che i flussi $\Phi_{21}+\Phi_{22}$ sono concatenati alle N_2 spire del trasformatore ideale per cui si può scrivere : $\Phi_{11}+\Phi_{12} = \Phi_{21}+\Phi_{22}$ (1)

[b] Il funzionamento del Blocco [B]

Consideriamo ora,in sede separata , il funzionamento del **SECONDARIO** .In base al numero N_2 **di spire rispetto ad** N_1 si ha la frequenza desiderata formalizzata dal rapporto $N_2>N_1$ da cui la trasformata della **f.e.m.** : $e_2(t)=E_2 \sin(\omega_2 . t)$ ((4)). Se l'interruttore T_{e2} è in posizione **on** il trasformatore funziona a vuoto In posizione **off** si attiva la trasformazione del segnale dal **primario** al **secondario** nella forma (4) ,della corrente i_2 dipendente dai parametri logici R_2-L_2-C_2 Possiamo dunque affermare che da $N_2>N_1$ segue $\frac{N_2}{N_1}=\frac{\omega_2}{\omega_1}$ (5) .Anche ,ricordando la relazione pulsazione frequenza generalizzata: $\omega=2\pi f$ (6)la frequenza $f_2=\frac{N_2}{N_1} f_1$ (7) c.v.d.

(from power devices to digital)

[a] operation frequency of the primary

Summarize what has been said.

In Block [A]

PRIMARY of N_1 turns, is being introduced-to a voltage source ((3)) which we assume C.C. in instant to = 0 (in order is sufficient close the switch Re1 (**in on**). In Block [B] disjoint from [A] (even far) the induced **SECONDARY** N_2 turns. The theory axiomatics of induction electromagnetics[{D = to move electric;B magnetic induction}we ensures that the flows are linked to Φ_{21} Φ_{22} are connected at N_2 transformer turns ideal for which we can write:

$$\Phi_{11}+\Phi_{12} = \Phi_{21}+\Phi_{22} \quad (1)$$

[b] the operation of the Block [B]

Consideriamoora, in separate seat, the operation of the **SECONDARY**.

For the number N_2 **of turns** N_1 is compared to the desired frequency has formalized by the ratio $N_2>N_1$ from which the transformation of the **e.m.f.** :

$$e_2(t)=E_2 \sin(\omega_2 . t) \quad (4).$$

If the switch is in the **on** position the processor is running idle in the **off** position activates the transformation of the signal from the primary to the secondary in the form (4), the current i_2 dependent logical parameters R_2 -L_2-C_2

Therefore We can say that by $N2> N1$ = follows

$$\frac{N_2}{N_1}=\frac{\omega_2}{\omega_1} \quad (5).$$

Also, recalling the pulsation frequency generalized relationship: $\omega=2\pi f$ (6) the frequency:

$$f_2=\frac{N_2}{N_1} f_1 \quad (7)$$ cvd

I sistemi digitali o logici sono, sfrondati da ogni complicazione compatibili con i sistemi definiti analogici La Fig12-Fis38 rappresenta una rete

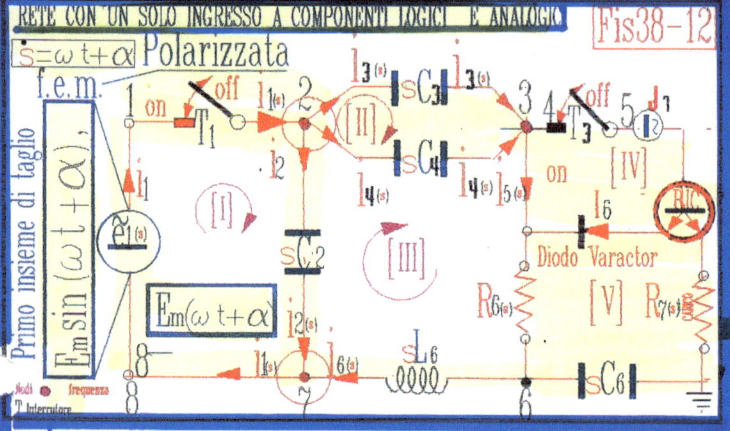

a 5 maglie dicui le **[IV]** e la **[V]** presentano un **diodo** , in linea , se si chiude l'interruttore T_3 .

[a]Una sintesi dello sviluppo tecnologico

In algebra abbiamo introdotto due numeri definiti magici.Il numero immaginario inventato da C.F.Gauss(1778-1855) $j=\sqrt{-1}$ la cui importanza è dovuta al fatto che rappresenta la estensione delle quatro dimensioni dell'universo di cui tre spazili ed una temporale. Intorno al X secolo gli Arabi hanno attribuito allo zero poteri magici,dando in tal modo le basi del sistema numerico decimale delle potenze10,100,1000,.... e della decimalizzazione 01,001, 0,0001.....

[b] L'avvento dei calcolatori Nei primi anni 60 si aveano dispositivi detti porte ,Fig20, che alla chiusura di T3(detta porta).Nella fine degli anni 60 si era giunti alla costruzione di chip integrati(tecnologia SSI=Small-scale integration) a 12 porte per passare negli anni 70 a 30.000 porte su unico Chip integrato di un calcolatore su grande scala (VLSI) . Ad es. il calcolatore TI-74 Mathematics Library(1985)

[c] La organizzazione di un microprocessore

Un calcolatore comprende tre funzionali : Il processore(unità di controllo) e ingresso-uscita

Digital or logical systems are pruned from any complication compatible with the systems established Fig12 The analog-Fis38 is a mesh network a5 ofwhich the [IV] and [V] present a diode in line, if you close the switch T3.

[a] A summary of the technological development

in algebra we introduced two numbers defined magici.

The imaginary number invented by CFGauss (1778-1855) j = the importance of which is due to the fact that it represents the extension of the four dimensions of the universe of which three spazili and the temporal.

Around the tenth century the Arabs have attributed magical powers to zero, thereby giving the basics of the decimal number system of potenze10, 100,1000, ... and decimalisation 01.001, 0.0001 .....

[b] The advent of computers in the early 60s they set them devices called ports, Fig20, that the closure of T3 (said door.)

In the late 60s we had reached the construction of integrated chips (SSI = Small-scale technology integration) to 12 ports to switch in the 70 to 30.000 ports on a single chip integrated with a computer on a large scale (VLSI).

Eg. the TI-74 Mathematics Library (1985)

[c] The organization of a microprocessor

A computer consists of three functions:

The

processor (control unit) and input-output

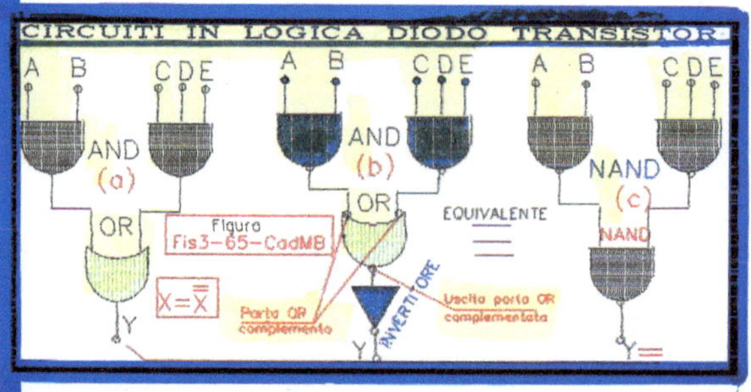

[a] Le porte dei sistemi digitali Le porte AND, (a)in parallelo con la (b)sono ingressi o segnali A-B-C-D-E in uscita dalla porta Y della porta **OR (a)** con i diodi e/o transistor in conduzione A-B-..N.

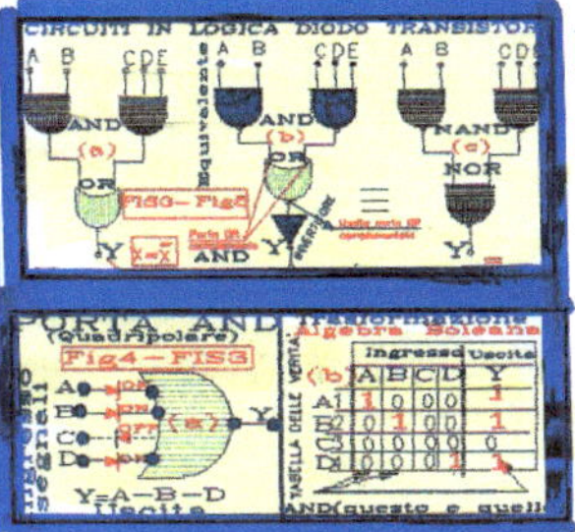

La versione logica ingresso-uscita, **Fis3-Fig5**

Il funzionamento della porta è rappresentato nella **Fig.4** che abbiamo,nicchia (a),tradotto nella tabella della verità di **G.Boole** (1815-1864) come indicato nel verso dei diodi in **on**. Solo negli anni 60 si sono realizzati dei circuiti integrati a diodi e transistor le cui caratteritiche fisiche e circuitali sono state già descritte(pg-95...-105)

-105) che sono i Chip delle varie porte logiche . Negli anni 70 si sono realizzati dei microcircuiti cosiddetti stampati (a fondo pagina)LSD (large scale)integrati LSI(large scale integrate) contenenti fino a 30.000 porte. Questo Chi logico segna l'avvento dei calcolatori elettronici sempre più prestazionali . Ricordiamo che il calcolo logaritmico[**Nepero**(1550-1617)] consente di scrivere $\ln|(\frac{x}{y})| = \ln|x| - \ln|y|$ (1) Es: ln(0,79/0,09)=-0,2357-2,4079=~-2,64 .da cui colog-2,640≃14 Per 4 secoli gli operatori si sono serviti, in particola modo i fisici e gli astrofici del calcolo logaritmico. Poco rispetto all'enorme vantaggio dei dispositivi integrati che già negli anni 70 con il Chip (LSI) contenente **30.000 porte** è stato realizzato un microprocesso per il calcolo e su grande scala il Chip(VLSI) (very large scal integration),come il calcolatore

TI-74 PRO.CALC

LIBRERIA MATEMATICA

[a] The doors of digital systems

The AND gates, (a) in parallel with the (b) are signal inputs ABCDE that occur at the Y output of the OR gate (a) with the diodes and transistors conducting ABD.

The logic **input-output version, Fis3-Fig5**

Port operation is represented in **Figure 4** we have, niche (a), translated in the truth table of **G.Boole** (1815-1864) as indicated in the verse of the diodes **on**.

Only in the 60's are made of integrated circuits diode and transistor whose caratteritiche physical and circuit have already been described (pg-95. .. -105) -105) which are the Chipdelle various logic gates.

In the 70's were made of the so-called printed microcircuits (below) LSD (large scale) integrated LSI (large scale integrated) with up to 30,000 gates.

About this logic marks the advent of computers more and more performance. Recall that the logarithmic spiral [Napier (1550-1617)] allows you to write :

$$\ln|(\frac{x}{y})| = \ln|x| - \ln|y| \quad (1)$$

Ex: ln (0.79 / 0.09) = -0, 2357 to 2.4079 ~ = -2.64.

hence colog -2, 640 = +14

For 4 centuries operators have used studies, particularly physicists and astrofici of the logarithmic spiral.

Little compared to the enormous advantage of integrated devices that already in the 70's with the chip (LSI) containing **30,000 gates** was made a microprocessor to calculate and Large-scale Chip (VLSI) (very large scal integration), such as computer

TI-74 PRO.CALC

MATHEMATICS LIBRARY

INFORMATICA

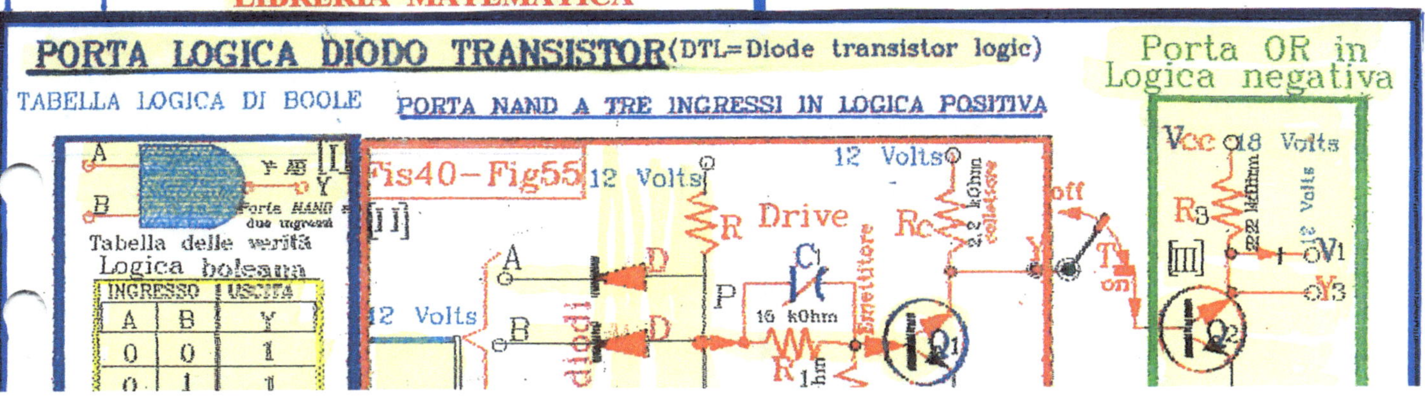

[a] operazioni binarie dei sistemi digitali

Si possono avere due soli stati on ed off per il funzionamento .Ad es. il transistore sarà fatto funzionare alla interdizione o alla saturazione ma non nella regione attiva e la tensione su ogni nodo può essere alta .Ad es. : da 4 a± 1 volt o bassa da 0,2± 0,2 volt ed è interdetta per altri valori . Per questi due stati discreti si usa una varia denominazione ,come risulta dalla Tab-6-1

Uno Stato:1(Vero)#2(Alto) # 3(1) #4(Su) # 5(Impulso)# #6(Eccitato)#7 (off)#8(Caldo)#9(Chiuso)# - #10(Nord) # 11(Si)

Altro Stato:1(Falso)#2(Basso) # 3(0) #4(Giù) #5(assenza) #6(diseccitato)#7 (on)#8(Freddo)#9(Aperto)# #10(Sud) # 11(no)

[b] La forma decimale dei numeri

Fra i vari sistemi è usato il sistema decimale di base 10 associato ai naturali 1,2,3,4,5,,6,7,8,9 Es. $2013 = 10^3+0^0+10^1+310^0=1000+0+10+3$

[c]La foma binaria dei numeri

In questo caso la base è 2 che ha il vantaggio rispetto agli altri sistemi che bastano due soli simboli cioè i numeri 0 e 1. Questo sistema è detto di posizione (di matrice Araba) in quanto per dipende dal posto eventualmente ripetuto dai suddetti 0 e 1 La Tab-B riporta i numeri decimali da 0 a 21 in formato binario (formato da 5 simboli 0 ,1)

N-Decimale	N-Binario	N-Decimale	N-Binario
0	00000	1	00001
2	00010	3	00011
4	00100	5	00101
6	00110	7	00111
8	01000	9	01001
10	01010	11	01011
12	01100	13	01101
14	01110	15	01111
16	10000	17	10001
18	10010	19	10011
20	10100	21	10101

[a] binary operations of digital systems

Can have only two states on and off for the functioning.

Eg. the transistoresarà run to interdiction or saturation but not in the active region and the voltage of each node can be high. Eg. : 4 to ±1 volt or lower by 0.2 ± 0.2 volts is prohibited for other values.

For these two discrete states using a different name, as can be seen from Table 6-1

One-State: 1 (True) # 2 (High) # 3 (1) # 4 (Up) # 5 (Pulse) # 6 (excited) # 7 (off) # 8 (Hot) # 9 (Closed) # - # 10 (North) # 11 (Si)

Other Status: 1 (False) # 2 (Low) # 3 (0) # 4 (Down) # 5 (absence) # 6 (de-energized) # 7 (on) # 8 (Cool) # 9 (Open) # # 10 (South) # 11 (no)

[b] the decimal form of the numbers

Among the various systems is used the decimal system of base 10 associated with natural 1,2,3,4,5, 6,7,8,9 Eg $2013 = 10^3+0^0+10^1+310^0=1000+0+10+3$

[c] the foma binary numbers

in this case the base is 2, which has the advantage over other systems that takes two symbols only ie the numbers 0 and 1.

This system is said to position (matrix Arab) given that depends on the place possibly repeated by those 0 and 1 Tab-B shows the decimal numbers from 0 to 21 in binary format (consisting of 5 symbols 0 ,1)

Operatore inLogica digitale

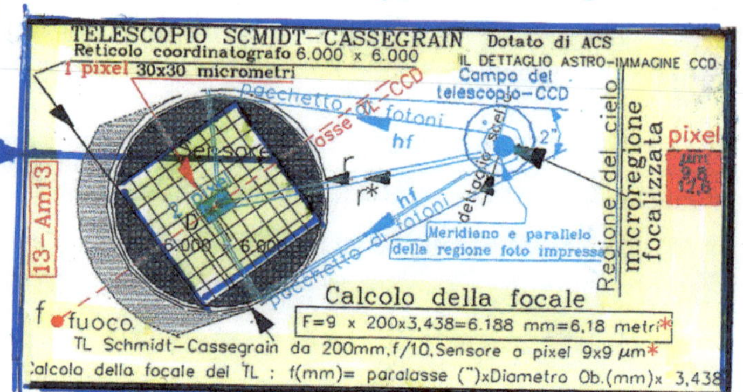

[a] In continua o a livelli digitali

Una cifra binaria è detta bite(parola) di un word (codice) Per es. per rappresentare i 10 numeri {0,1,2,3,4,5,6,7,8,9} e le 26 lettere dell'alfabeto inglese sono necessari 36 diverse combinazioni dei bit 1 e 0 . Dato che $2^5<36<2^6$ occorrono almeno 2^6=36 bite per i caratteri alfanumerici Il bite è detto carattere ed un gruppo parola . In continua ed in logica a livelli impulsivi un bit è rappresentato dallo stato della tensione , che può assumere soltando due valori diversi .Come appare dalla **Fig46(b)** gli stati in logica positiva

CODICE BINARIO DEGLI STATI — Fig46-Fis40 — Funzionamento dei sistemi digitali (a) — Stato positivo / Codici / Stato negativo

1	2	3	4	5	6	7	8	9	10	11
vero	alto	1	su	attivo	impulso	caldo	dentro	aperto	nord	si
falso	basso	0	giù	passivo	inerte	freddo	fuori	chiuso	sud	no

(b) STATI LOGICI ALTERNATIVI — Logica positiva: V(1)=4Volt ingresso; uscita V(0)=0.2Volt — Logica negativa: V(0)=4Volt uscita; ingresso V(1)=0.2Volt

sono relazione logiche **ingresso-uscita** mentre in logica negativa è risposta **uscita ingresso** del segnale , stati di tensione impulsiva**(6)**nicchia**(a)**

[b] LA PORTA OR

La porta OR a due o più ingressi(in tensione) è a una sola uscita Si definisce " **La uscita di una porta Or è allo stato 1se uno più ingressi sono nello stato 1**" Gli N ingressi , **Fig5-FIS3**, siano i soli A e B o la intera sequenza dànno un unico **Y**

SIMBOLO GRAFICO DELLA PORTA OR — FIS3-Fig5 — (a) INGRESSO: A, B, N — USCITA Y segnale — Y=A+B+····+N

(b) TABELLA VERITA'

A	B	Y
0	0	0
0	1	1
1	0	1
1	1	1

La tabella della VERITA' mostra la uscita dei soli ingressi A e B ma resta tale anche , nella **Y** , estesa fino ad N. In un Chip (**DL=diode logic**) le porte sono realizzate con soli diodi. Una porta Or in logica negativa(**uscita-ingresso**)è data dalla **Fig4-Fis40**. E' il caso in cui la uscita **Y** è inviata all'ingresso impulsivo(modalità Radar) [V(1)-V(0)] nel bus del calcolatore.Es il TI-74 , della Texas, (20x9 cm) può avere 30.000 Porte di vario tipo

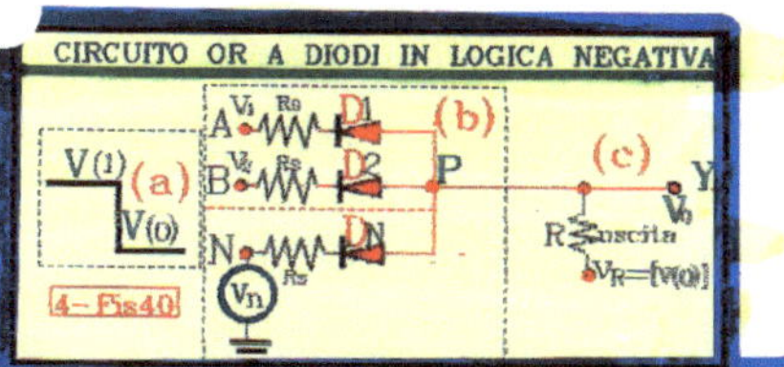

THE DOOR OR OF DIGITAL SYSTEMS | pg-126

[a] continuous or digital levels

A binary digit is called the bite (word) of a word (code) Eg. to represent the 10 numbers {0,1,2,3,4,5,6,7,8,9} and the 26 letters of the English alphabet are needed 36 different combinations of bits 1 and 0. Since $2^5 <36 <2^6$ it takes at least 2^6=36 alphanumeric characters to bite.

The bite is said character and a word group. DC and logic levels impulsive a bit is represented by the state of tension, only volumes that can take two different values. As shown in **Fig46 (b)** states in positive logic are logical **input-output** relationship while negative logic **output** response is signal input, of tension were pulsed **(6)** niche **(a)**

[b] THE DOOR OR.

The OR gate in two or more inputs (voltage) is only one output is defined " **The output of an OR gate is the state 1 1if one more inputs are in state 1** "

The N inputs, **Fig5-FIS3**, are the only A and B or the entire sequence they give a single **Y**

The table of TRUTH shows the output of only the inputs A and B, but this is also in Y, extended to N. In a Chip (**DL = diode logic**) the doors are made with only diodes. Or a door in negative logic (**input-output**) is given by **Fig4-Fis40**.

Is in the case where the Y output is sent to the pulse input (mode Radar) [V(1)-V(0)] Ex. in the bus calcolatore.Es the TI-74, of Texas, (20x9 cm) can have 30,000 Doors of various types

[a] La filosofia degli animalisti

Secondo gli animalisti l'uomo è il peggiore degli animali perchè fra tutti è capace di uccidere non per necessità ma per dominare sulla specie. Aggiungerei la distinzione che in relazione al suo **DNA Fig17-FIS33** c'è uomo e uomo. In quale categoria mi riconosco?

A questo scopo nel seguito alla pagina di microelettronica seguirà la autobiografia precisando che ho subito un anno di carcere per i motivi che diremo . I fatti che andrò a rivivere, perchè non mi è stata sufficiente la riabilitazione giudiziaria . Questa semmai ha fermato la emoraggia ma la ferita sanguina ancora alla età di 92 anni. La mia infanzia . Di una famiglia di poveri contadini non ho seguito corsi di studio regolari Infatti il diploma di Geometra risale al 1947 e quello di Ingegnere nel 1970 rispettivamente alla età di 26 anni e 40 ,alla Università di Padova Preciso che i personaggi che chiamerò in causa sono reali ed i fatti documentati e/o documetabili

[a] The flosofia According to animal

rights animal man is the worst of all of the animals because it is capable of killing not out of necessity but to dominate the species. Would add that the distinction in relation to its **DNA-fig17 FIS33** is man and man. In which category I recognize myself ? For this purpose, in the following page of microelectronics follow the

autobiography stating that I suffered a year in prison for the reasons you say. The facts that I'm going to live again, because I was not enough rehabilitation proceedings.

This, if anything, has stopped the bleeding, but the wound is still bleeding at the age of 92.

My childhood. Of a family of poor farmers did not follow regular programs In fact, the school Diploma dates back to 1947 and in 1970 respectively to engineer the age of 26 and 40, at the University of Padua Point out that the characters are real I will call into question and documented facts and / or documetabl

....

[b] Riprendiamo il circuito OR in sospeso

Questa Porta OR in logica negativa presenta **V**o come alimentazione e **V**(1) come uscita.

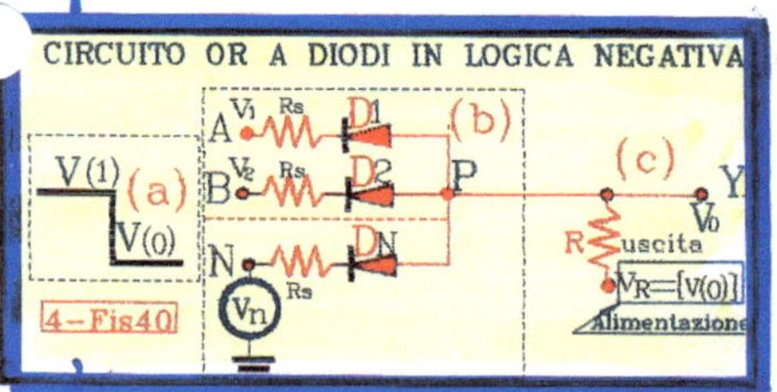

Se tutti gli ingressi A-B-...-N sono nello stato 0 la tensione ai capi di ogni diodo verifica la condizione:**V**(0)-**V**(0)=0 in quanto i diodi sono polarizzati da **V**o e quindi inversamente. Se ora l'ingresso A si porta nello stato 1,che per un sistema a logica negativa è a potenziale **V**(1) <**V**(0) il diodo **D**1 conduce e la riposta risulta formalizzata dalla equazione :

$$V_o=V(0)-[V(1)-V(0)-V\gamma]\frac{R}{R+R_s+R_f} \quad (1)$$

. A seguire....

[b] Recall the oR circuit outstanding

This negative logic OR gate **V**o shows how power and V (1) as an output. If all inputs AB-...-N are in the state 0, the voltage across each diode condition occurs: **V** (0)-**V**(0) = 0 because the diodes are polarized by **V**o and inversely.

If now the input port A is in the state 1, that for a negative logic system is at potential **V**(1) <**V**(0), the diode **D**1 conducts and the response is formalized by the equation:

$$V_o=V(0)-[V(1)-V(0)-V\gamma]\frac{R}{R+R_s+R_f} \quad (1)$$

to followw.........

Come mostra la **Fig13(a)** il diodo **p-n** è inserito nel circuito della nicchia **(a)** . Se polarizzato dalla **f.e.m.** $V_i = V_m \sin(\omega t)$ (1) induce la corrente circuitale del tipo:

$$i(t) = \frac{E_m \omega}{R_L + R_D} \sin(\omega t + \gamma) \quad (2)$$

La (1) ci assicura che il diodo **D(p-n**) è, nella ipotesi della caratteritica di potenza lineare a tratti,compatibile con i sistemi analogici per la presenta di $R_L$che determina la tensione di uscita V_o relativa all'ingresso V_i

[1] Definizione della retta di carico

Per il secondo Kirchhoff applicato al circuito**(a)** si ha: $V - V_i + i.R_L = 0$,da cui : $V(t) = V_i - i.R_L$ (3)
La R_L è per definizione la resistenza di carico.
La (3) presenta due grandezze (V e i) incognite
Una seconda equazione che risolve il problema è la caratteristica statica del **diodo Micro1-Fig8** Il cristallo in orispondenza alla giunzione presenta una interdizione per la corrente.In condizioni di equilibrio i **s.c.** germanio e silicio **Fig30**, posseggono 14 e 32 elettroni . La **Fig 8** mostra la caratteritica statica di potenza e la dinamica in conduzione con le rispettive rette di carico.Dalle quali si può dedurre i rapporti tensione corrente della retta di carico $i=0, v=v_i$, $v=0$ $i_A = v_i/R_L$, che incontra l'asse nei punti V_i e V'_i e quindi i rapporti che risolvono il problema.
Rispettivamente: $i(t) = V_i/R_L$ (3) , $i'(t) = V'i/R_L$ (4) che con la(2)risolve i casi del funzionamento
La **Fig4** rappresenta una porta logica digitale con 3 **diodi** che collegano il segnale di **ingresso V** ad N segnali con la **Y di uscita .** Questa selezione è parte dell'algebra di Boole di cui diremo.

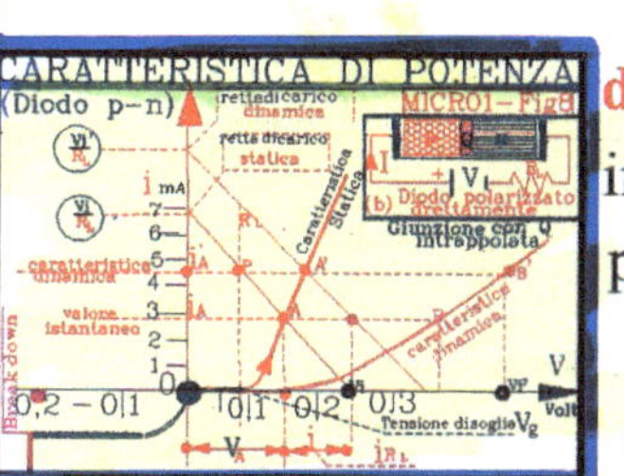

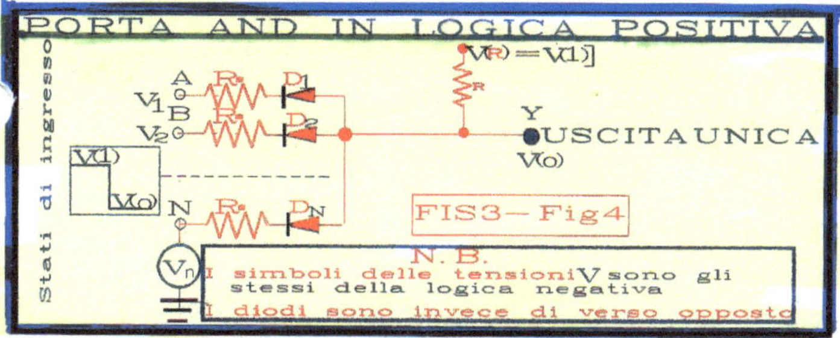

DIODE AS ELEMENTOCIRCUITALE | pg128

As shown in **Fig13 (a)** the pn diode is inserted in the circuit of the niche **(a)** . If polarized by **m.e.f** : $V_i = V_m \sin(\omega t)$ (1) induces the current circuit of the type :

$$i(t) = \frac{E_m \omega}{R_L + R_D} \sin(\omega t + \gamma) \quad (2)$$

The (1) assures us that the diode **D** (**p** - **n**) is , in the hypothesis of caratteritica power piecewise linear , compatible with analog systems for the presentation of $R_L$che determines the output voltage V_o for input V_i

[1] Definition the load line for the second

Kirchhoff applied to the circuit (a) we have:
$V - V_i + i.R_L = 0$, from which : $V(t) = V_i - i.R_L$ (3)
The R_L is by definition the load resistance . The (3) has two parameters (V and i) unknowns

A second equation that solves the problem is the static characteristic of the **diode MICRO1 Fig8**Il crystal corrispondenza the junction presents a disqualification for corrente.In equilibrium conditions the **s.c Fig30** germanium and silicon , possess 14 e 32 electrons.
Fig 8 shows the caratteritica static power and dynamics in conduction with le rispettive straight carico.
This of which we can deduce the relationship of the current -voltage load line $i = 0$, $v = v_i$, $v = 0$ $i_A = v_i/R_L$ which meets the axis at the points i and V_i and V'_i thereby the relations that solve the problem.
Respectively :

$i(t) = V_i/R_L$ (3) , $i'(t) = V'i/R_L$ (4) that with the (2) solves the cases of the operation the **Fig4** represents a digital logic gate with three **diodes** that connecting the **input signal V** to N signals with the **Y output** .

This selection is part of Boolean algebra which we will discuss .

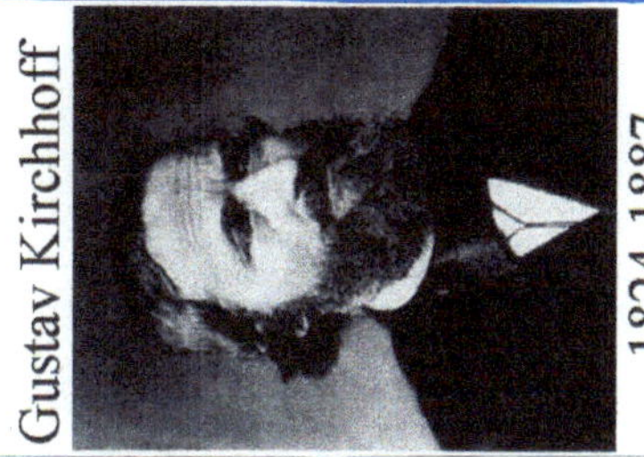

Come la porta **OR** la porta **AND** ha due o più ingressi ed una sola uscita. Differisce solo per le modalità di funzionamento in accordo con la seguente definizione :"La uscita di una **PORTA AND** si trova nello stato **1** se , e soltanto se , in corrispondenza con gli ingressi che si trovano nello stato **1**. Nel caso della

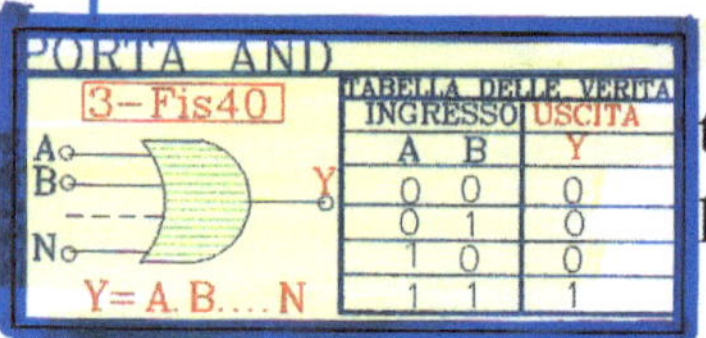

Fig56- FIS40 nello stato **1** si trovano i segnali A e B, giusto la Tabella delle verità. Nel caso della **Y[I]** tutti gli ingressi si trovano per ipotesi nello stato **1** e quindi la **Y** in uscita è nello stato 1 li traduce Nella configurazione circuitale la PORTA AND della **Fig4(a)** in logica negativa e nella nicchia**(b)** la configurazione in logica positiva.

[I]La porta AND in logica negativa.Per capire il funzionamento si ricordi che nei sistemi analogici il condensatore **C** e l'induttore **L** si suppongono **ideali** (non in iperfrequenza). **In un primo caso** si supponga che tali siano i diodi, allora per uno qualunque, **Fig4a**, sia nello stato zero Vo=V(0) quindi **Rs**=0 in conduzione, polarizzato al livello livello V(0) **inversamente in logica negativa**.

- Consegue: **Y=0** (1).

In un seconodo caso Se tutti gli ingressi sono in tensione al livello V(**1**) allora sono polarizzati inversamente da Vo=V(**1**) e quindi consegue :

Y=1 (2).

In questo modo è realizzata la operazione di porta **AND** negativa, detta

CIRCUITO A COINCIDENZA

[II] Porta AND in logica positiva Si configura **Fig4(b)** circuitalmente allo stesso modo del caso precedente ma i diodi sono invertiti.E

As the **OR** gate the **AND** gate has two or more inputs and one output. Differs only in the mode of operation in accordance with the following definition : " The output of an **AND GATE** is in the state **1** if and only in correspondence with inputs that are in the state **1** .

Fig56 - FIS40 In the case of state **1** are the signals A and B , right the truth table .

In the case of **Y [I]** all inputs are by assumption in state **1** and then in the **Y** output is in state **1** translates them in the circuit configuration of the AND GATE **Fig4(a)** negative logic in the niche and **(b)** the configuration in positive logic.

[I] AND gate logic negativa.

Per understand the workings remember that in analog systems the capacitor **C** and the inductor **L** are assumed ideal (not in SHF .)

In a first case, suppose that these are the diodes , then for any one, **Fig4a** , both in the zero state Vo = V(0) then **Rs** in conduction, polarized level to the level V (0) **inversely negative logic** .

It follows : **Y = 0** (1) .

second in a case

if all inputs are voltage level V (**1**) are then reverse biased by Vo = V (**1**) and then follows :

Y = 1 (2) .

In this way is made the operation of negative **AND** gate said **COINCIDENCE CIRCUIT**

[II] in positive logic AND Gate

It configures **Fig4(b)** circuitally in the same way as the previous case but the diodes are inverter. E.

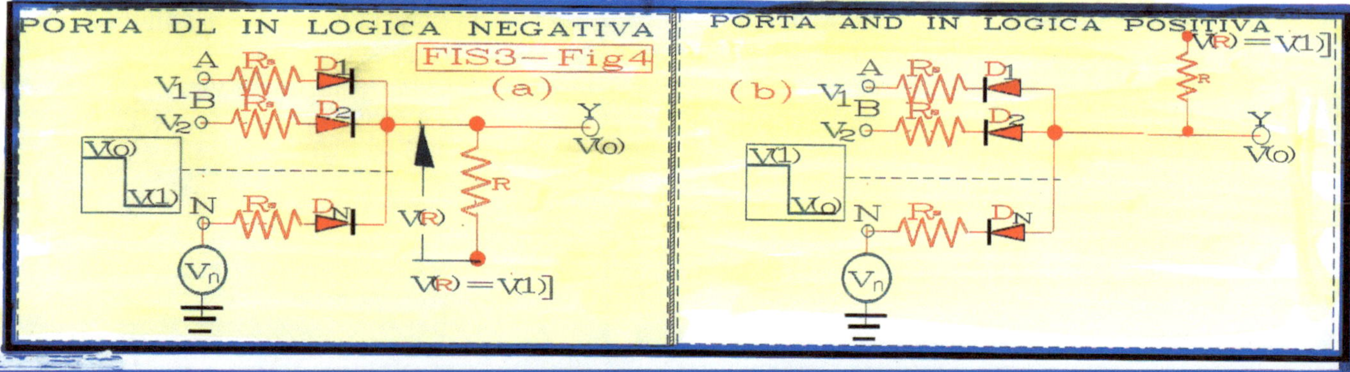

[I] Nella **Fig22-Micro1** è rappresentato un diodo a semiconuttore. I semiconduttori sono cristalli che per se stessi non conducono la corrente elettrica ma che, a seguito trattamento termico, vengono iniettati di atomi pentavalenti, come il germanio,dotato di 4 elettroni di valenza(legati al nucleo)

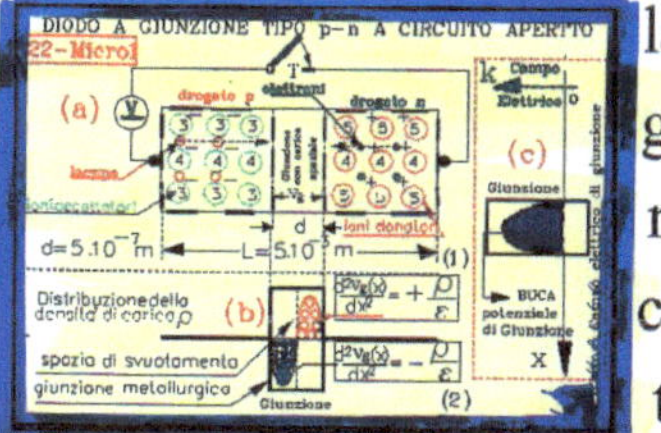

[II]Se si iniettano atomi nel tipo n pentavalenti resta libero un elettrone :Consegue il cristallo si polarizza negativamente . Avviene il contrario se si iniettano atomi tri-valenti per cui 1 elettrone del s.c. si configura come buca di potenziale positivo(lacuna)

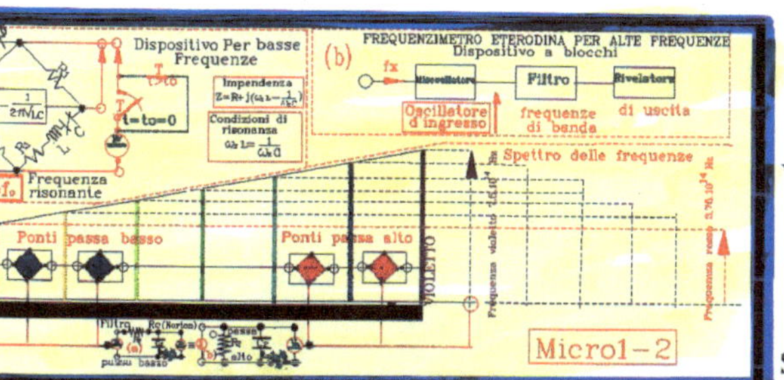

In **Fig2-Micro1** è rappresentato un dipositivo utilizzato per i segnali in bassa frequenza , comprendente un oscillatore come ingresso un gruppo di filtri(al solito si tratta di condensatori ad effetto di campo variabile). In connessione un rivelatore che in nuce possiamo immaginarlo come un decodificatore di segnali digitali.La **TAB-W** riporta le grandezze più usate nella microelettronica della quale ci limitiamo per il momento ad alcuni cenni introduttivi. Nella **Fig11-Micro2** è rappresentato un transistor logico .Nella **Fig25** un diodo varactor . Su questi dispositivi avremo modo di dare più avanti altri dettagli

GRANDEZZE SPECIFICHE MICROELETTRONICHE

N°		Simb.	TAB-W Descrizione	FORMULA
1	a	d	Buca del potenziale dell'elettrone equivalente al Condensatore	$V= q/C$
2	b	ε	Permittività elettrica del mezzo attivato (Condensatore fisico)	$\varepsilon= Cd/S$
3	c	σ	Conduttività del mezzo materiale (m/hom)inversa della R	corrente $J=nqu=uk$
4	d	I	Densità di corrente in un conduttore lungo L attraversato da n elettroni del tempo T	$I=Nqu/T$
5	e	np	Legge della azione di massa in un s.c.drogato np	$np =n_i^2$
6	f	n or nD	Equivalenza degli elettroni n con atomi donatori D nel s.c.del tipo np e del tipo pn	$p_n=n_i^2/N_D$
7	g	J	Corrente totale nel s.c.di elettroni più lacune polarizzate inversamente	$J_t=(n\mu_n+p\mu_p)qk$
8	h	p.n	Giunzione p-n a circuito aperto (lati drogati p-n) a T Cost.	$n_i^2=A_oT^3e^{-E_{G0}/k_BT}$
9	i	σ_h	Conduttività dei s.c. del Germanio e del silicio	$\sigma=(n\mu_n+p\mu_p)$
10	l	I	Corrente trasversale dovuta all'effetto Hal (Micro2-Fig6) (k=campo elettrico)	$q.k=B.q.u$
11	j	λ	Risposta spettrale della minima energia di un fotone per la eccitazione di un elettrone [f=(E1-E2)/h] (E_G=in EV)	$\lambda=1,24/E_G$
12	k	μ	In condizioni di equlibrio l'intensità del campo elettrico k=E dovuto all'effetto Hall esercita una forza sui portatori	
13	l	p	Generazione e ricombinazione delle lacune p (in equlibrio) La densità dei portatori minoritari in eccesso p (iniettati)	$dp/dt=g-(p/\tau$

[I] In **Fig22 - Micro1** is represented in a diode semiconuttore .

The semiconductor crystals that are themselves not conduct electricity but, for heat treatment shot pentavalent atoms , such as germanium, has 4 valence electrons (bound to the nucleus)

[II] If injecting atoms in the n type pentavalent remains free an electron polarizes the crystals have a negative .

The opposite is true if you inject tri-valent atoms for which the electron 's electric 1 sc you with me - figure co- pit potential positive (**gap**) . In **Micro 1** is shown in **Fig2** , this equipment used to a lowfrequency signals,comprising an oscillator as input a set of filters (as usual it comes to capacitors effect variable field) .

In connection with a detector that in a nutshell we can imagine it as a signal decoder digitali.

La **TAB -W** shows the sizes most commonly used in microelectronics which for the moment we confine ourselves to a few brief introduction .

In Fig11 - Micro2 has been a co transistor logic .

Fig25 schows a varactor diode .

On these devices we will give later other details

[I] Definizione del circuito NOT

Dotato di ingresso-uscita univoci , nicchia (**B**) Si tratta di un operatore capace di eseguire una operazione in conformità alla definizione , **Fig 5**(**B**): <La uscita **Y** di **NOT** assume lo stato **1** se l'ingresso non assume lo stato **1**>Il simbolo negazione nicchia(**A**).Si legge: **Y** negato A. La Tabella della verità evidenzia la funzione,nicchia **(a)** , per cui il circuito**NOT** è detto **invertitore**. La **Y** assume il valore più alto della tensione fra i due possibili solo se la tensione di ingresso assume il valore minore . Nella rappresentazione digitale binaria i valori sono solo due: V(0) e V(1) Quando la tensione di uscita è V(0) quella di ingresso è V(1) e viceversa il che giustifica la dizione di "Invertitore " data a questo circuito **NOT**.

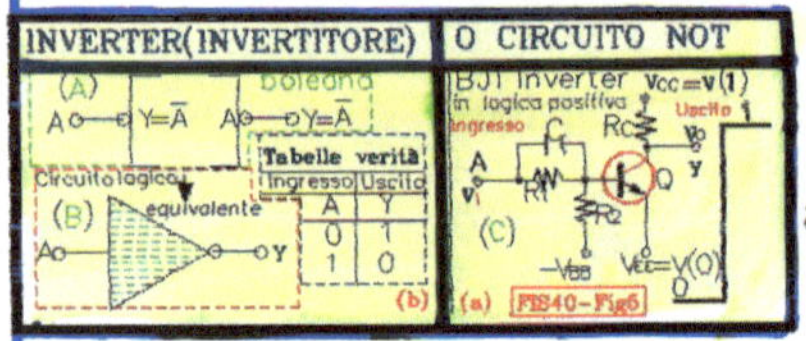

La presenza del transistoreQ(**BJT**) realizza un Chip invertitore in logica positiva, che possiede lo stato 0,livello $V(0)=V_{EE}$.Con: $v_o=V(1)=V_{CC}$ (1)

Ne consegue che i parametri dell'inverter vanno dimensionati in modo che la V di ingresso sia di alto livello quindi deve essere: $Vi= V(1)$ (2)e con il transistore Q in saturazione tra emettittore e collettore e risulti: $V_{CEsat} \equiv V_o=V_{EE}=V(0)$ (3)

Esempio

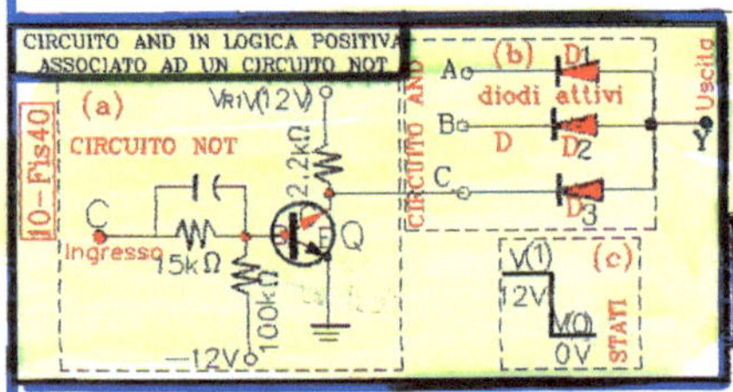

Per $Vi=V_o=0$ la tensione di base V_B, a circuito aperto vale:

$$V_B=-12 \times \frac{100}{100+15}=-1{,}56\ V$$

Dato che una tensione di polarizzazione di circa 0 Volt è sufficiente per portare in interdizione, come mostreremo nella pagina a seguire, il transistor al silicio Q .Quindi se $Vi=0$ si avrà V_o=12Volt. Per $Vi=V(1)=12$ Volt. A seguire la verifica che il transistore sia in saturazione

[I] Definition of circuito NOT

With input-output unique, niche (**B**) is an operator capable of performing an operation in accordance with the definition, **Fig 5** (**B**):

<The output **Y**of **NOT** status is **1** if the input is not to the state **1**>

The niche negation symbol (**A**). It reads: **Y** denied A. The truth table shows the function,niche **(a)**, for which the circuito**NOT** is said inverter. The **Y** assumes the highest value of the voltage between the two possible only if the input voltage assumes the lowest value. In the digital representation of the binary values are only two: V (0) and V (**1**) When the output voltage is V (0) is the input voltageV(**1**) and vice versa which justifies the diction of" **Inverter** " date this **NOT** circuit.

The presence of transistoreQ (BJT) scores a Chip inverter positive logic, which has the state 0 in , level $V(0)=V_{EE}$.Con: $v_o=V(1)=V_{CC}$ (1)

It follows that the inverter parameters are dimensioned so that the V input of both high-level and then must be: $Vi = V(1)$ (2) and with the transistor Q in saturaction tra emettitor and collector and proves:

$$V_{CEsat} \equiv V_o=V_{EE}=V(0) \quad (3)$$

for example, $Vi = V_o = 0$, the base voltage V_B, open circuit applies:

$$V_B=-12 \times \frac{100}{100+15}=-1{,}56\ V$$

Since a bias voltage of approximately 0 volts is sufficient to bring in interdiction, as show in the page to follow, the silicon transistor Q.

So if $Vi=0$ you will V_o= 12Volt.

For $Vi = V(1) = 12$ volts. Following verification that the transistor is in saturation

Riprendiamo per $V_i = V_o = 0$ in base $V_B = -12$ tensione a circuito aperto $V_B = -12 \times \frac{100}{100+15} = -1{,}56\ V$ (1)

[I]Verifica saturazione del transistore BJT

Sappiamo che il valore minimo della corrente per portare il transistor in saturazione è:

$(I_B)_{min} = \frac{I_C}{h_{FE}}$ (2) Usando valori

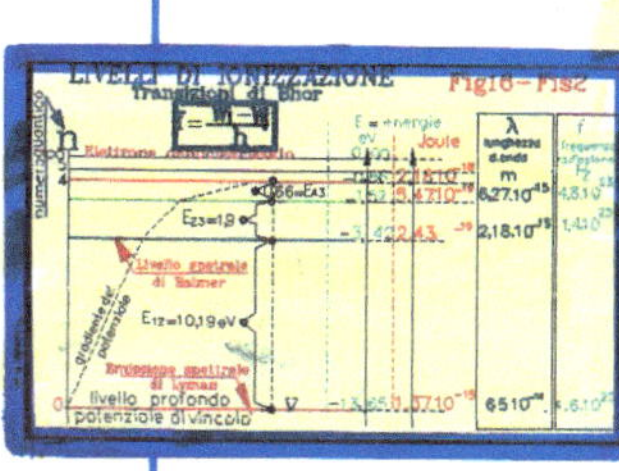

approssimatiCap.G (pg90+....) per il Silicio la saturazione è: $V_{BEsat} = 0{,}8\ Volt$ **(a)** e per la $V_{CEsat} = 0{,}2\ Volt$ **(b)**. Con tali valori si ottengono le correnti:

$I_C = \frac{12-02}{2{,}2} = 5{,}36\ mA$ (3)

$I_1 = \frac{12-0{,}8}{15} = 0{,}75\ mA$ (4) $I_2 = \frac{0{,}8-(-12)}{100} = 0{,}13\ mA$ (5)

$I_{Bmin} = \frac{5{,}36}{30} = 0{,}18\ mA$ (6) .Valori ottenuti in applicazionne della legge di Ohm $I = V/R$ in cui V è la d.d.p.ai capi dei resistori ed R i resistori in KΩ percio molto elevate rispetto alla R =2,2 Ωdel collettore . Scopo ottenere una uscita Vo di saturazione. Per il I°Kirchhoff applicano al nodo B si ottiene:

$I_B = I_1 - I_2 = 0{,}75 - 0{,}13 = 0{,}62mA > I_{Bmin}\ 0{,}18\ mA$ (7)

Quindi il transistore Q è in saturazione **(b)**

Quando Vi =12 Volt si ha Vo=0,2 Volt

Con questa operazione l'invertitore di Fig 10 compie una trasformazione di una porta NOT

[II]Per la tensione d'ingressso Vi di Invertitore

In questo caso si ottiene dalla uscita Vo di una porta analoga ai livelli della tensione di ingresso $V(0) = V_{CEsat} = 0{,}2$ Volt e $V(1) = 12$ Volt, allora i corrispondenti in uscita sono 12 e 0,2 Volt .....

[III]I principi di Kirchoff per le reti elettriche

La rete di Fig10-Fis38 è una rete elettrica con 8 nodi che si risolvono con il primo **Kirchoff** e 7 maglie che sono circuitate dal secondo **Kirchoff** di cui forniremo un esempio di soluzione

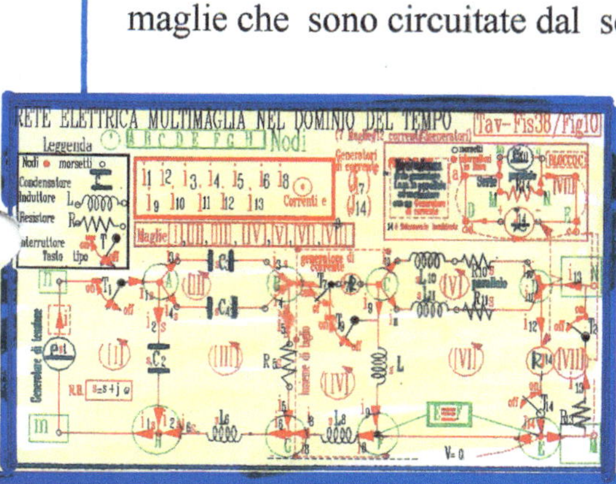

We continue to $V_i = V_o = 0$ in basic $V_B = -12$ open circuit voltage $V_B = -12 \times \frac{100}{100+15} = -1{,}56\ V$ (1)

[I] Check saturated of the transistor BJT

We know that the minimum value of the current to bring the transistor in saturation :

$(I_B)_{min} = \frac{I_C}{h_{FE}}$ (2) Using values approssimati [Cap.G (PG90 + ...)] for the silicon saturation is: $V_{BEsat} = 0.8$ Volts **(a)** and for the $V_{CEsat} = 0.2$ Volts . **(b)** . With these values we obtain the current :

$I_C = \frac{12-02}{2{,}2} = 5{,}36\ mA$ (3)

$I_1 = \frac{12-0{,}8}{15} = 0{,}75\ mA$ (4) , $I_2 = \frac{0{,}8-(-12)}{100} = 0{,}13\ mA$ (5)

$I_{Bmin} = \frac{5{,}36}{30} = 0{,}18\ mA$ (6)

Values obtained in applicazionne of **Ohm's** law $I = V/R$ where the **d.d.p.** ai extremity of the resistors and the resistors R in KΩ therefore very high compared to R = 2.2 Ω the collector .

Purpose obtain an output of saturation.

For the Io **Kirchhoff** apply to the node B is obtained :

$I_B = I_1 - I_2 = 0{,}75 - 0{,}13 = 0{,}62mA > I_{Bmin}\ 0{,}18\ mA$ (7)

Then, the transistor Q is in saturation **(b)** When Vi =12 volts is Vo = 0.2 Volts with this operation, the inverter of Fig 10 performs a transformation of a NOT gate **[II] for the voltage Vi of ingressso inverter**

In this case is obtained from the output Vo of a door similar to the levels of the input voltage

$V(0) = V_{CEsat} = 0.2$ Volt and $V(1) = 12$ volts,

then the corresponding output are 12 and 0.2 Volts .....

[III] The principles of Kirchoff for power grids

The network of fig10-Fis38 is an electrical network with 8 nodes that are resolved with the first **Kirchoff** and 7 meshes that are circuited by . the second **Kirchoff** of which will provide an example of a solution

[I] La fisica del transistor Nella **Fig11-FIS38** è riportato un transistor della tipologia costruttiva per crescita (altri per lega oltre che per diffusione od epitessiale) .Nella nicchia **(a)** sono riportate le dimensioni del transistor .Questo transistor viene estratto da un cristallo da una fusione di silicio o di germanio , drogati con atomi pentavalenti per una concentrazione di lacune **p** lacune o del tipo **n** elettroni con atomi trivalenti

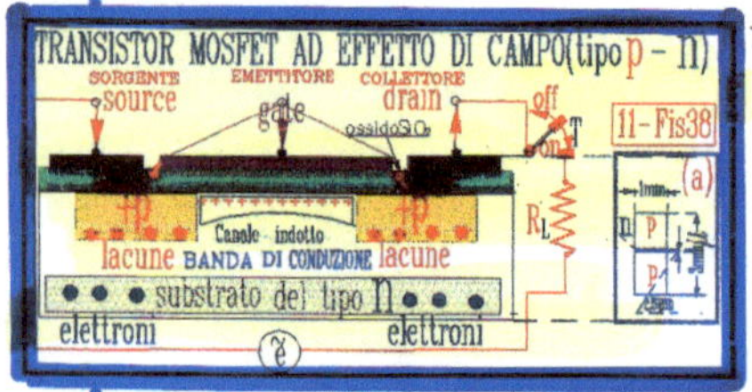

[II] Le correnti in un transistor . Questo è un problema di carattere assiomatico che però in sede sperimentale funziona in modo approssimato però sufficiente per le innumerevoli applicazioni delle reti elettriche analogiche e digitali.

La **Fig3-FIS3(A)** mostra un cristallo diun **s.c.** drogato : **n-p-n** polarizzato. La corrente I_E fluente da emettitore **E** è la somma: $Ip_E - In_E$ (1) cioè delle lacune Ip_E che passano da emettitore a base B ed elettroni In_E ,verso contrario.Il rapporto Ip_E/In_E (2) è proporzionale alle loro conducibilità.

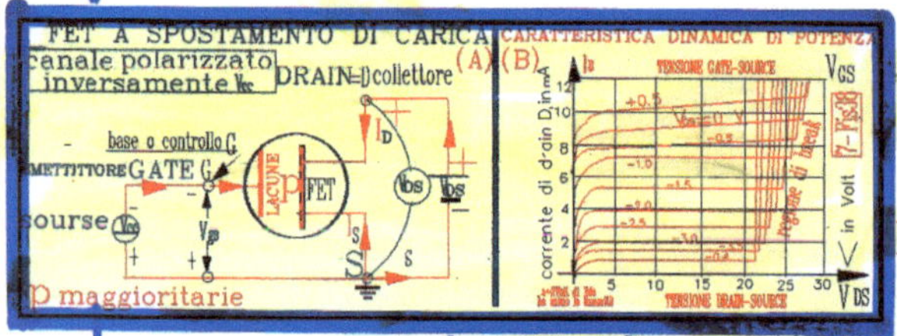

Proprietà che consente alla corrente di e mettitore di essere quasi **interamente di lacune**

Altre proprietà del FET a spostamento di carica :

La bassa frequenza del funzionamento alla cella passa alto Butterworth(dell'ordine di1kHz) per la frequenza di taglio

II- La serie degli operatori operazionali di questa categoria di dispositivi nella configuraione non invertente resistiva ,con R>>R' in cui la tensione di uscita segue la tensione di ingresso-sorgente : $V_o \cong V_S$.

[I] The physics of the transistor.

Is shown in **Fig11 - FIS38** a transistor of the type of construction for growth (other than for alloy by diffusion or epitessiale) . Niche in **(a)** shows the dimensions of the transistor. This transistor is extracted from a crystal from a fusion of silicon or germanium , doped with pentavalent atoms for a vacancy concentration of the **n**-type or **p** gaps electrons with trivalent atoms

[II] The current in a transistor.

This is a problem of axiomatic , however, that in the experimental work in an approximate way , however, sufficient for many applications of electrical networks analog and digital .

The **Fig3 - FIS3 (A)** shows a crystal of one **s.c** doped **n- p-n** polarized.

I_E the current flowing from the emitter **E** is the sum of: $Ip_E - In_E$ (1) that the gaps IPE passing from emitter to base B and electrons InE towards contrario.

Il report:

Ip_E/In_E (2) is proportional to the their conductivity . Property which allows the emitter current to be almost entirely of **gaps**

Other properties of the FET displacement charge :

The low frequency of operation to the cell highpass Butterworth (di1kHz order) for the cutoff frequency of

II - The series of operational operators of this category of devices in configuraione noninverting resistive , with R >> R ' in which the output voltage follows the input voltage $V_o \cong V_S$

COULOMB 1763-1806

[I] I livelli energetici di N.Bohr(1855-1962)
La natura dell'atomo è stata fin dalla antichità

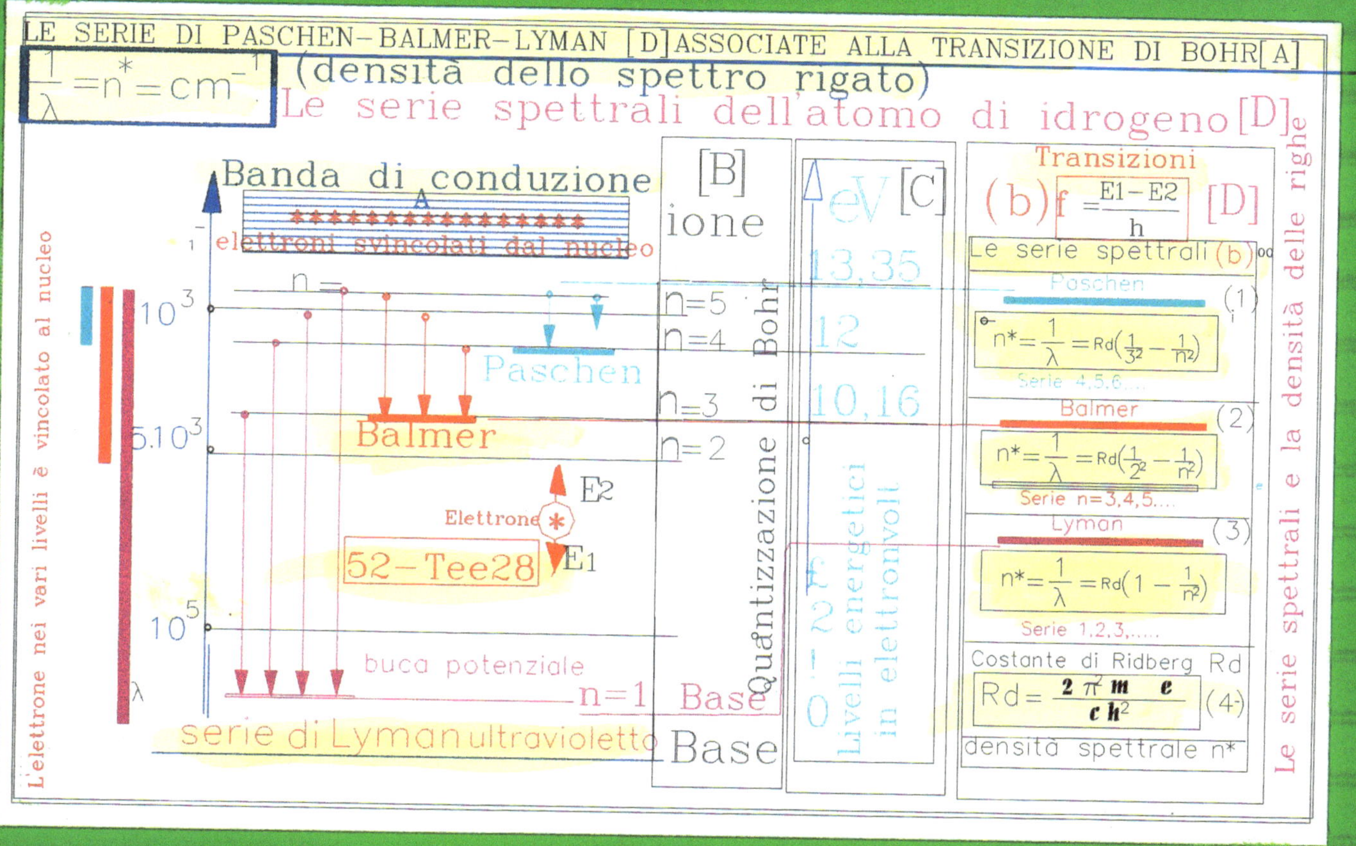

gli antichi greci hanno indagato la costituzione della materia giungendo alla conclusione che questa altro non era che un aggregato di particelle cui dettero il nome di atomi($\alpha\tau o\mu\iota$). La serie spetrrale[B]è nota come la distribuzione delle transizioni che l'atomo di idrogeno neutro, costituito da un solo elettrone in moto stazionario , cioè vincolato a descrivere orbite circolari intorno al nucleo. Come si può costatare la frequenza ,nicchia B, è frazionata in bande di frequenza di **Paschen**- **Balmer**-**Lyman** in corrispondenza alle quali la luce manifesta la :
frequenza: $f=\frac{W_i-W_j}{h}$ (1) con h costante di **Planck**

[I] The energy levels of N.Bohr (1855-1962)
The nature of the atom has been since antiquity the ancient Greeks have investigated the constitution of matter and concluded that this was nothing more than an aggregate of paticelle which gave the name of atoms ($\alpha\tau o\mu\sigma$). The series spetrrale [B] is known as the distribution of transitions that the hydrogen atom neutral, consisting of a single electron in stationary motion, that is constrained to describe circular orbits around the nucleus. As you can notice the frequency, niche B, is divided into frequency bands **Paschen**-**Balmer** -**Lyman** at which light manifests its **frequency**:

$f=\frac{W_i-W_j}{h}$ (1) where h is Planck's constant

[I] E.Rutherford (1871-1937) nel 1911 scoprì che il nucleo dell'atomo di idrogeno consiste in un nucleo che contiene quasi tutta la materia di massa m dell'atomo con l'elettrone in moto circolare uniforme di carica negativa , controbilanciata dal protone di carica positiva, controparte dominante del sistema : **Fig47-Tee8**

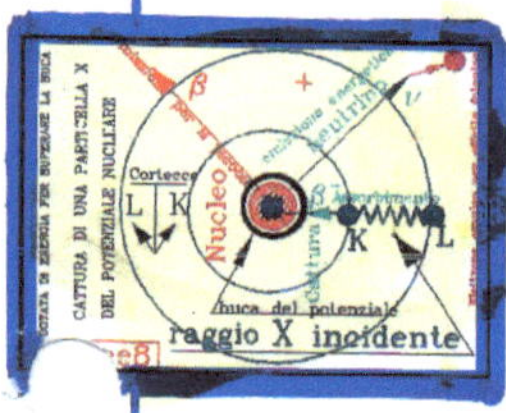

Il modello planetario di **Rutherford** prevede il nucleo fisso e l'elettrone in orbita di raggio r una interazione del tipo : $\frac{q^2}{4\pi \varepsilon_0 r^2} = \frac{mu^2}{r}$ (1) .

Secondo **Rutherford** la carica q elettrica del solo elettrone interagisce con la forza centrifuga della massa secondo il modello newtoniano.Inoltre la energia potenziale dell'elettrone alla distanza r dal baricentro del nucleo vale : $-q^2/4\pi\varepsilon_0 r$ (1_1) e bilanciata dalla sua energia cinetica $\frac{mu^2}{r}$. Si noti che questo modello prevede l'elettrone in orbita stazionaria circolare attorno al nucleo. La energia totale è quindi data dalla somma scalare definita: $W(Joule)= \frac{1}{2}mu^2 - \frac{q^2}{4\pi \varepsilon_0 r^2}$ (2). Se si introduce in (8) questo valore si ottiene : $W= -\frac{q^2}{8\pi \varepsilon_0 r}$ (3) . Questa fornisce la energia dell'elettrone ed il raggio dell'orbita circolare di raggio r . Ma questa relazione non si concilia con l'esperienza. Come mostra la ((1)) dell'atomo di Bohr.Infatti il momento angolare non è più libero di assumere un raggio r continuo ma quantizzato: $mur= \frac{nh}{2\pi}$ (4) con n=1,2,.......(n+1), ... $n \to +\infty$, in tal caso la (4) ha senso solo se $r \to +\infty$ come dire l'elettrone esterno al nucleo che risulta in tal caso ionizzato **Fig8-Tee8** La (4) esprime una legge definita da **Max Planck**(1858-1947) da impulsi di energia h che escludono la continuità di r

Max Plank (1858+1957)

[I] E.Rutherford (1871-1937) in 1911 discovered that the nucleus of the hydrogen atom consists of a nucleus that contains almost all the matter of the atom with the electron mass m in uniform circular motion of charge negative , counterbalanced by the proton - ated positive charge , counterparty dominant system : **Fig47 - Tee8**

The **Rutherford's** planetary model provides the nucleus and the electron in a fixed orbit of radius r interaction of the type: $\frac{q^2}{4\pi \varepsilon_0 r^2} = \frac{mu^2}{r}$ (1) .

According to **Rutherford** the electric charge q of the single electron interacts with the centrifugal force of the mass according to the model newtoniano.Inoltre the potential energy of the electron at a distance r from the center of mass of the nucleus is: $-q^2/4\pi\varepsilon_0 r$ (1_1) and balanced by its kinetic energy $\frac{mu^2}{r}$. Note that this model provides for the electron in the stationary circular orbit around the nucleus. The total energy is then given by the sum defined scalar :

$W(joules) = \frac{1}{2}mu^2 - \frac{q^2}{4\pi \varepsilon_0 r^2}$ (2). If you put in (8) This value is obtained : $W= -\frac{q^2}{8\pi \varepsilon_0 r}$ (3) . This provides the energy of the electron and the radius of the circular orbit of radius r. But this relationship is inconsistent with experience. As shown in ((1)) Bohr.

In factb the angular momentum of the atom is no longer free to take a continuous but quantized radius r : $mur= \frac{nh}{2\pi}$ (4) with n = 1,2, ... (n+1) , ... , $n \to +\infty$ in this case the (4) only makes sense as if to say the outer electron to the nucleus which results in this case ionized **Fig8 - Tee8** .

The (4) expresses a law defined by the **Max Planck** Institute (1858-1947) by energy pulses h that exclude the continuity of r

Max Plank - Capitolo I

Fondatore della fisica quantica con il quanto h d'energia.

STATI QUANTICI DELL'ATOMO DI N. BOHR **Fig5-Tcq**

Corteccie quantiche :	K	L	M	N	O	P	Q
Stato quantico n= :	1	2	3	4	5	6	7
Sottocorteccie :	s	p	d	e	f	g	h
Elettroni possibili :	2	6	10	14	18	22	26
Stati quantici Composti	K	KL	KLM	KLMN	KLMNO	KLMNOP	KLMNOPQ
Elettroni possibili:	2	8	18	32	50	72	92

La Tavola di **Fig5-Tcq** mostra i livelli quantici degli elettroni .Per n=1 l'elettrone dell'idrogeno occupa la corteccia quantica K che, come abbia-mo visto per controbilancira la carica positiva del protone nucleare deve possedere il massimo della energia cinetica,appunto il livello K.Come si può costatare il modello di Lord **Rutherford** consi-dera la energia dell'elettrone funzione continua della distanza r dal nucleo $W(q,r)=q^2/8\pi\varepsilon_0.r$ (1)

Si deve attendere **Max Plank** (1858-1947), e l'esperienza del risuonatore di Helholtz,**Fig14b** per osservare un fenomeno risonante del suono come eco di ritorno. **Max Planck** parte dalla termodinamica osservando che il pepetuun mo-bile , prefigurato dal primo e secondo principio della termodinamica del perpetuum mobile non esiste. Infatti il calore Q nel processo ciclico del lavoro perduto nel processo di conduzione , a secnda che si faccia il processo ciclico dal corpo più freddo : $A_1=Q.\frac{T_1-T_2}{T_1}$ (1) , o dal corpo più caldo : →- $A_2=Q.\frac{T_1-T_2}{T_2}$ (2)

Una risposta alle leggi della entropia postulata da **R.E.Clausius** : $S=\int dQ/T$ (3), dove dQ è la quantità di calore che il sistema **T.D.** ha scam-biato con l'esterno.

La strada della termodinamica si è dimostrata impotente a dare una spiega zione ai fenomeni delle interazioni nucleo ed elettroni e della reversibilità dei processi della **T.D.**

DISPOSITIVO ELASTO ACUSTICO IDEALE E REVERSIBILE

Pizzicata do re mi sol fa la si (a)
Corda di violino
Onde sonore diffuse NELL'ARIA
Scala naturale in Hz
(una vibrazione al secondo) in secondi
54 – Fise1
A
B
$\omega_A = \omega_B$ unisono
DIAPASON DI
Onde elastiche riflesse
Membrana eccitata
Casse risonanti (b)
Risonatore HELMHOLTZ (c)

N. B. la corde del violino pizzicate ed i rebbi eccitati magneticamente accumulano energia elastica che si diffonde alle molecole d'aria con effetto sonoro

ELECTRON ENERGY LEVELS OF THE ATOM QUANTIZED BOHR pg -136

Table of **Fig5 - Tcq** shows the quantum levels of electrons.

For n = 1 the electron of hydrogen occupies the cortex quantum K , which, as we have seen for controbilancira the positive charge of the proton nuclear must possess the maximum of kinetic energy , precisely the level K

We can notice the model of Lord **Rutherford**

shall be deemed the energy of the electron continuous function of the distance r from the core :

$$W(q,r)=q^2/8\pi\varepsilon_0.r \quad (1)$$

You must wait **Max Planck** (1858-1947) , and the experience of the resonator **Helholtz** , **Fig14b** to observe a phenomenon of resonant sound as eco retaliatory not. **Max Planck**

part of the thermo- dynamic observing that the pepetuun Mobile foreshadowed by the first and second law of thermodynamics of the perpetuum mobile does not exist.

In fact, the heat Q in the cyclic process of work lost in the process of conduct-ing , in secnda you face the cyclical process from cold : $A1 = Q.\frac{T_1-T_2}{T_1}$ (1) or the corbit warmer :

→- $A_2 = Q.\frac{T_1-T_2}{T_2}$ (2)

One the laws of entropy postulated by R.E.Clausius : $S=\int dQ/T$ (3) where dQ is the quantity of heat that the

system **T.D**. exchanged with the outside.

The road of thermodynamics has proved powerless to give an explanation to the phenomena of electron - nucleus interactions .

Postula in principio di indeter-minazione. Impossibile determi-nare velocità e posizione delle particelle subnucleari in moto

Nella **Fig5** la R_L è posta in serie con la tensione di collettore V_{CC}. Una piccola variazione della tensione ΔVi fra base - emettitore determina una variazione ΔVi della tensione tra emettitore e **base**(V_{EB}) con l'insorgenza di un impulso ΔI_E di corrente, relativamente elevata nella corrente di emettitore. Si definisce con il simbolo α' la variazione di corrente che viene raccolta dal collettore che attraversa il carico R_L ossia: $\Delta I_C = \alpha' \Delta I_E$ (1)

Quindi la variazione della tensione di uscita ai capi della resistenza di carico sarà : $\Delta V_L = -R_L \Delta I_C = -\alpha' R_L \Delta I_E$ (2) in cui ΔV_L può assumere valori parecchie volte maggio rispetto alla tensione di ingresso ΔVi

In queste condizioni l'amplificazione risulta: $A \equiv \Delta V_L / \Delta Vi > 1$ (3) Il transistore si comporta come un amplificatore di tensione. Se la resistenza dinamica della giunzione di **emettitore** è r_e, quindi: $\Delta Vi = r_e \Delta I_E$ (3₁) Allora la (3) diventa, tenendo conto della resistenza dinamica : $r_e \cong \eta V_T / I$ (b): $A \equiv -[(a' R_L \Delta I_E):(r_e \Delta I_E)] = -\alpha' R_L / r_e$ (4), con (b) in cui V_T è l'equivallente in tensione della temperatura ed **I** la corrente di giunzione. Per $\eta = 1$(temperatura ambiente)ed $I \equiv I_E$ corrente di emettitore a riposo, espressa in milli Ampere. Es. Se $r_e = 40\ \Omega$ e $\alpha' = -1$ ed il carico $R_L = 3000\ \Omega$ risulta $A = 75$. Questo spiega fisicamente perchè il transistor operi come amplificatore di corrente **I** e/o tensione **Ve** e di potenza: $P = I\ V$ (5) espressa in milliwatt , se **V** è data in Volt e **I** in mA

Il transistor (transfer resistor= trasferitore di resistenza) è un amplificatore data dalle proprietà fisiche sopra descritte Quanto al parametro α' ,definito come variazione della corrente di collettore e la corrente di emettitore per tenisioni costanti tra collettore e base prende il nome di rapporto di amplificazione della corrente (di **c.c.**) per piccoli segnali : $\alpha' \equiv [\Delta I_C / \Delta I_E]_{VCB}$ (6) Se nella((3)) si pone $I_{CO} = 0$ risulta $\alpha' \equiv \alpha$ (7)

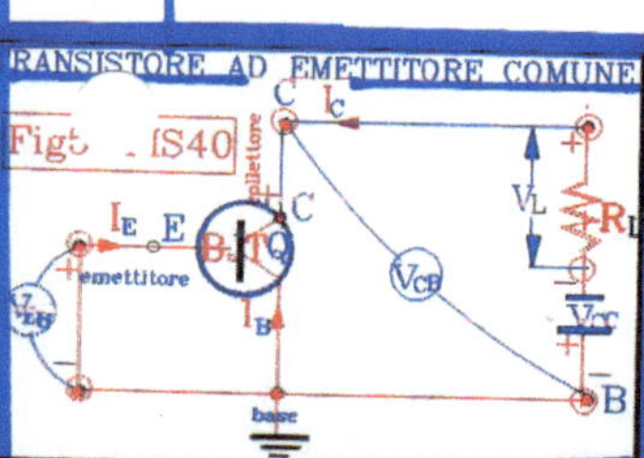

In **Fig5** the R_L is placed in series with the collector voltage V_{CC}. Variation of the small voltage ΔVi between base - emitter ΔVi determines a variation of the voltage between the emitter and base (V_{EB}) with the onset of a pulse ΔI_E current, relatively high in the current emitter. On defines with the symbol to α' the variation of current that is collected by the collector which passes through the load R_L namely : $\Delta I_C = \alpha' \Delta I_E$ (1). So the variation of the output voltage across the resistance of the load will be : $\Delta V_L = -R_L \Delta I_C = -\alpha' R_L \Delta I_E$ (2) in which ΔV_L can take values several times higher compared to the ΔVi input tension Under these conditions, the amplification is : $A \equiv \Delta V_L / \Delta Vi > 1$ (3).

The transistor acts as an amplifier of tensione. Se the dynamic resistance of the junction of the **emitter** is r_e, so : $\Delta Vi = r_e \Delta I_E$ (3₁) Then (3) becomes , taking into account the resistance dynamic $r_e \cong \eta V_T / I$ (b): $A \equiv -[(a' R_L \Delta I_E):(r_e \Delta I_E)] = -\alpha' R_L / r_e$ (4), with (b) in which V_T is the voltage of the temperature in equivallente and **I** is the current of giunzione. Per h = 1 (ambient temperature) and I IE emitter current at rest , expressed in milli Ampere . Eg: If $r_e = 40\ \Omega$ and $\alpha' = -1$ and the load $R_L = 3000\ \Omega$ is $A = 75$. Questo explains why the physically transistor operates as an amplifier of current **I** and / or voltage **Ve** in and of power : $P = I\ V$ (5) expressed in milliwatts , if **V** is given in volts and **I** in mA

The transistor (transfer resistor = of resistance transporter) is an amplifier given by the physical properties described above in regard to the parameter α ' , defined as the change in current collector and the emitter current for tenisioni constants between collector and base takes the name of amplification ratio of the current (**c.c.**) for small signals : $\alpha' \equiv [\Delta I_C / \Delta I_E]_{VCB}$ (6)

If the ((3)) arises $I_{CO} = 0$, to result : $\alpha' = \alpha$ (7)

[I] Il concetto di campo elettrico $\underline{k}\equiv\underline{H}$, del potenziale e delle bande di energia.

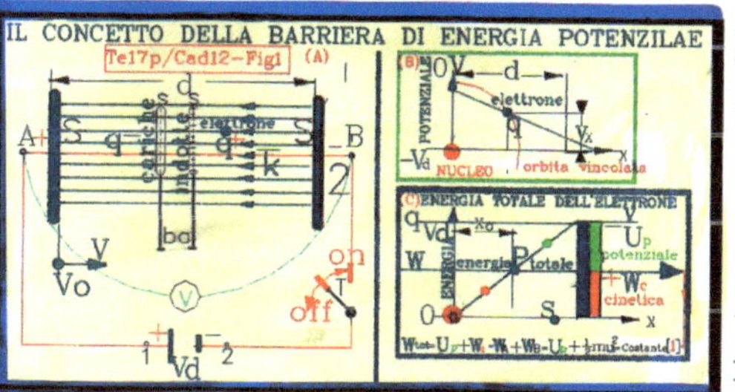

La **Fig(A)-Te17p** mostra l'elettrone l'elettrone **q** ,che lascia l'elettrodo A con velocità u_o iniziale, per effetto del campo elettrico **Vd** assume, che abbiamo simulato con un condensatore , una velocità u(t) . A partire dal tempo t_o dalla velocità u_o Detto $\underline{k}$ il campo elettrico fra gli elettrodi A e B , la forza : $\vec{f}=q\underline{k}=m\frac{d\bar{u}}{dt}$ (1) . La postulata equivalenza fra la forza elettrica e la gravitazionale. sistema MKS $\vec{f}$ (Newton)

[II] Il concetto di potenziale elettrico (in Volt)

Per definizione si indica come potenziale del del punto B rispetto al punto A come equivaente del lavoro eseguito contro la forza (1)del campo per spostare da A a B l'unità di carica positiva p^+ Nel caso ,**Fig(B)** ,di problemi unidimensionali se A si trova in xo e se B è un arbitrario punto x il potenziale risulta : $V=-\int_{x_o}^{x}|\bar{k}|dx$ (2) con il campo elettrico scalare $K=-\frac{dV}{dx}$ (3) che ammette derivata rispetto all'asse x .

[II] La energia totale dell'elettrone stazionario

La **Fig(C)** rappresenta la energia totale di q ,cioè dell'elettrone stazionario : $U=qV$ (4) ,cioè il prodotto della carica elettrica per il relativo potenziale (2) .La legge della conservazione della energia nei vari stati dell'elettrone in questo caso è conservativa e si esprime con lo scalare energetico : $W=U+\frac{1}{2}mu^2=Cost.$ (4) Infatti se consideriamo la distanza d degli elettrodi di **(A)** ai quali si appli- il potenziale **Vd** (**interruttore in on**),negativo rispetto ad A allora l'elettrone lascia la lastra A con velocità u_o rispetto a B . Questo processo è l'opposto del precedente e la (4) conferma la reversibilità e della **conservazione della energia**

[I] The concept of the electric field ,$\underline{k}\equiv\underline{H}$, the potential and the energy bands .

The **Fig (A)- Te17p** shows the electron the electron **q** , which leaves the electrode A with initial speed uo , due to the effect of the electric field **Vd** assumes , that we have simulated with a condenser, a velocity u(t).

From the time to the speed uo said the electric field between the electrodes A and B , strength :

$$\vec{f}=q\underline{k}=m\frac{d\bar{u}}{dt} \quad (1)$$

The postulates the equivalence between the electric force and the gravitazionale. Nel MKS system (Newton)

[II] The concept of electric potential (in volts)

By definition is described as the potential of point B relative to point A as equivaente of work performed against the force (1) of the field to move from A to B the unit of positive charge p^+

In the case , **Fig (B)** , of onedimensional problems if A is in x_o and if B is an arbitrary point x the potential is : $V=-\int_{x_o}^{x}|\bar{k}|dx$ (2) with the electric field scalar $K=-\frac{dV}{dx}$ (3)which admits derivative respect to the x axis.

[II] The total energy of the electron stationary

Fig (C) represents the total energy of q , that is, the electron stationary : $U=qV$ (4) , ie the product of the electric charge for its potential (2 .) the law of conservation of energy in the various states of the electron in this case is withservative and is expressed by the scalar energy : $W=U+\frac{1}{2}mu^2=Cost.$ (4)

In fact, if we consider the distance d of the electrodes **(A)** to which the potential **Vd** (**switch on**) , negative with respect to A , then the electron leaves the plate a to B with speed u . This process is the reverse of the above and (4) confirms the reversibility and

conservation of energy

[I] IL CONCETTO DI ENERGIA QUANTICA

La Fig53 Tee28 mostra l'elettrone **q** su livelli energetici quantizzati che coinvolge la meccanica quantistica del fisico **MaxPlanck**(1858-1947) Questo grande ha il merito di aver scoperto e codificato una nuova forma di energia La strada iniziale perseguita è stata un profondo studio dei fenomeni della termodinamica dei gas ideali e reali. Dopo lunghe meditazioni giunse alla conclusione che era imposssibile compiere un processo reversibile compiendo un lavoro A per mezzo del calore Q per poi reversibilmente ottenere da A lo stesso calore Q. Nella conoscenza del modo fisico **Max Planck** parte dal principio della conservazione della energia e l'entropia di **Clausius**(da cui pg-136) : $Q\frac{T_1 - T_2}{T_1} = Q\frac{T_1 - T_2}{T_2}$ (1) . Nel caso del calore Q che passa dal corpo più caldo.poniamo di temperatura T_1 ad un altro più freddo a T_2 la entropia del corpo più caldo diminuisce e quella del corpo più freddo aumenta ma la somma delle due variazionei della entropia soddisfa alla relazione : $\frac{Q}{T_2} - \frac{Q}{T_1} > 0$ (2) questa grandezza positiva dà quindi, fuori da ogni arbitrio la misura della irreversibilità nel processo di conduzione del calore **< Il principio dell'aumento di entropia, ed io ritengo che nella fisica teorica dell'avvenire la prima e piùimortante classificazione di tutti i provessi fisici sarà quella di dividere in reversibili e irreversibili>** Si noti che la entropia di un sistema che passa da uno stato ad un altro aumentando l'entropia, cioè la quantità di calore, è un processo non solo termo ma universale nel senso che si può postulare in senso assiomatico : $\frac{Q}{T_2} - \frac{Q}{T_1} + \text{dissipazione} = 0$ (2) che rappresenta i processi di qualunque specie di trasformazione energetica compresa quella emessa dal corpo nero , Fig22

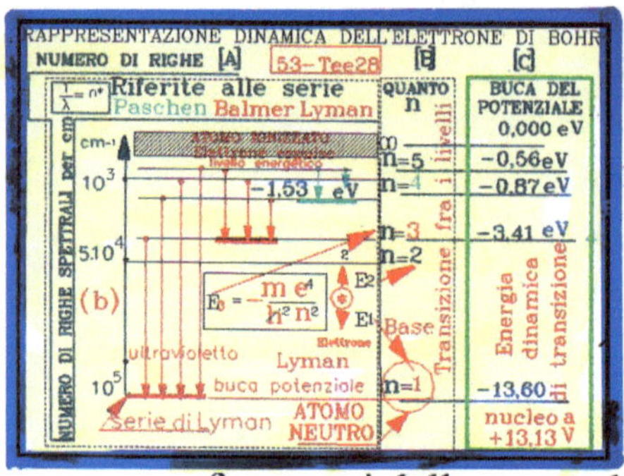

[I] THE CONCEPT OF QUANTUM ENERGY

The Tee28 Fig53 shows the electron **q** of quantized energy levels that involves quantum mechanics of physical **MaxPlanck** (1858-1947) This has the great ritual of having me - and co- discovered a new form of energy amended the initial road pursued was a profound study of the phenomena of thermodynamics of ideal and real gases . After long meditations came to the conclusion that it was imposssibile make a reversible pro-cess performing a job A by means of heat Q and then reversibly get from A heat Q.

In the same knowledge of how fisico **Max Planck** on the principle of conservation of energy and the entropy of **Clausius** (hence pg- 136) : $Q\frac{T_1 - T_2}{T_1} = Q\frac{T_1 - T_2}{T_2}$ (1)

In the case of heat Q that passes from the body more caldo poniamo temperature T_1 to another colder T_2 to the entropy of the hotter body decreases and that of the cooler body increases, but the sum of the two variazionei of entropy satisfies the relation : $\frac{Q}{T_2} - \frac{Q}{T_1} > 0$ (2) this size gives positive then , out of any arbitrary measurement of ir - reversibility in the process of heat conduction < **the principle of the increase of entropy, and I believe that in the future the first theoretical physics and piùimortante classification of all the physical provessi will be to divide into reversible and irreversible** > Note that the entropy of a system that passes from one state to another by increasing the entropy , that is, the amount of heat , is a process not only thermal but universal in the sense that one can postulate in axiomatic sense :

$$\frac{Q}{T_2} - \frac{Q}{T_1} + \text{dissipazione} = 0 \quad (2)$$

that represents the processes of any kind of energy transformation including that emitted by a black bo .

Fig 22 Fisb5

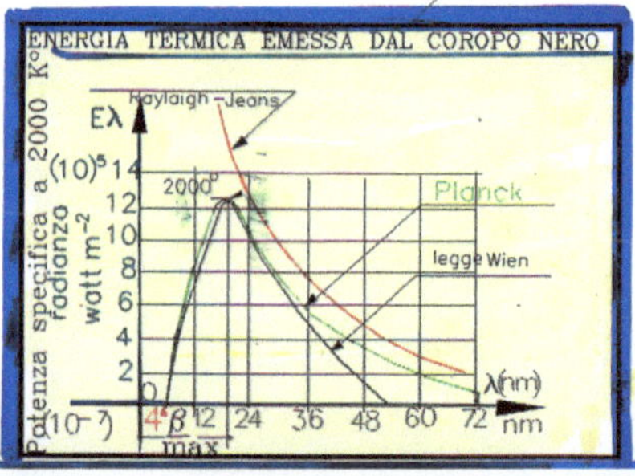

[I] I CIRCUITI LOGICI .

Si deve intendere i componenti costituiti da cristalli non conduttori che, mediante iniezione di atomi di diversa valenza acquistano proprietà dei componenti circuitali analoghi a quelli delle reti elettriche **RCL** cioè : resistori,condensatori,induttori. Si differenziano per due caratteristiche fondamentali dai precedenti . Precisamente :

1- Sono dei cristalli di base che normalmente non sono per se stessi non conducibili.

2- Dimensionalmente sono dell'ordine dei micron μ (1 m=10^{-6} m).Tali i diodi del germanio (Ge) e del silicio (Si)

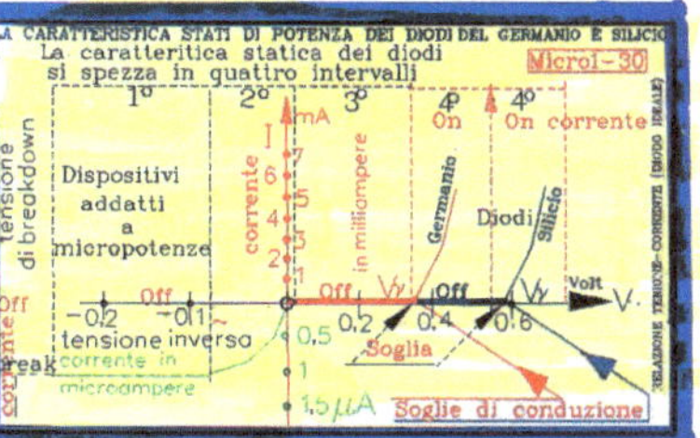

Nella **Fig30-Micro1** è rappresentata la rispettiva caratteritica di potenza : **P=Vi** (1) con V in Volt e **i** in mA perciò adatti circuitalmente ad operare in microcircuiti di piccole potenze, per tensioni $V>V\gamma$ essendo γ la tensione di soglia. Inoltre si opera supponendo di poter linearizzare le curve di potenza per micro-correnti.

[II]Il diodo a giunzione metallurgica tipo p-n.

Come mostra la **Fig1-Micro1** questo diodo è drogato con atomi tetravalenti per cui un elettrone passa nella zona di carica spaziale come **lacuna** tipo **p**. Diversamente gli elettroni nella regione tipo n drogato con atomi tetravalenti liberano un elettrone che passa in zona di carica spaziale come **elettrone** tipo **n** .

La **nicchia (b)** mostra la densità di carica spaziale affincata dai relativi spazi di svuotamento allora che il diodo venga polarizzato adeguatamente. Questo per sommi capi è lo stato di drogaggio del **diodo s.c.** del reticolo cristallino,con la buca di poteziale dello spazio di svuotamento

[I] THE LOGIC CIRCUITS

It should be understood components made of non-conductive metals cris that , by injection of atoms of different valence acquire ownership of the circuit components similar to those of the **RCL** electrical networks , namely: resistors , capacitors, inductive bulls . They differ in two fundamental features from the background. Namely:

1 - They are the basis of the crystals that are not normally non-conductive for themselves .

2 - Dimensionally are of the order of microns m (1 m= 10^{-6} m) . Such diodes of germanium (Ge) and silicon (Si) . In **Fig30 - MICRO1** is represented the respective caratteritica power :

P=Vi (1) with V in volts and **i** in **mA** circuitly therefore suitable to operate in microcircuits of small powers , for a voltage $V > V\gamma$ wich γ being the threshold voltage . Moreover it operates assuming to be able to linearize the power curves for micro-current

[II] The junction diode metallurgical p-n type .

As shown in **Fig1-Micro1** this diode is doped with tetravalent atomic me that an electron passes through the space-charge region as **gap p**-type .

Unlike the electrons in the n-type doped region atom tetravalent free an electron passing in space-charge region as **n-type electron** .

The **niche (b)** shows the density of space charge affincata by relative spaces emptying then that the diode is biased properly .

This briefly is the state of doping of the diode sc of the crystal lattice , with the hole of poteziale space emptying

J.W.S.Rayleigh

Robert Milikan

Per iniziare bene questo importantissimo capitolo delle frequenze è bene tener presente il quadro delle frequenze generalizzate di **Fig14** -colonna **(5)**dello spazio hertziano,specifico delle energie.

[I] I campi elettromagnetici

J.K.Maxwell(1831-1892) ha stabilito un legame fra i campi elettromagnetici $\{\tilde{k},\tilde{h}\}$(a), ossia : $\text{rot}\,\tilde{k} = -\mu\frac{\partial\tilde{h}}{\partial t}$ (1) , $\text{rot}\,\tilde{h} = \gamma\mathbf{I} + \varepsilon\frac{\partial\tilde{k}}{\partial t} + \mathbf{Ii}$ (2) Si tratta di que equazioni differenziali del secondo ordine non omogenee dato che il simbolo rot è una abbreviazione del tipo $\{\frac{\partial}{\partial x},\frac{\partial}{\partial y},\frac{\partial}{\partial z};\frac{\partial}{\partial t}\}$ (2')

Per la soluzione della (2) si è lavorato per due secoli. Qui ci fermiamo ad semplice cenno(per esteso risolta a pg-63-**Vol.VI**). In realta la corrispondenza fisica della (a) sono le induzioni induzione magnetica e dello spostamento elettrico $\{B\leftrightarrow\tilde{h}, D\leftrightarrow\tilde{k}\}$ (b) .In breve si può dire "Se una carica elettrica, come l'elettrone si sposta,(2'),crea il campo magnetico(1),viceversa un spostamento elettrico D un campo elettrico $\tilde{k}$

To a good start this very important chapter of the frequencies is good to keep in mind the framework of generalized frequencies of **Fig14**-column **(5)** of the space airwaves, specific energy.

[I] The electromagnetic fields

J.K.Maxwell (1831-1892) established a link between electromagnetic fields $\{\tilde{k},\tilde{h}\}$ (a), namely: $\text{rot}\,\tilde{k} = -\mu\frac{\partial\tilde{h}}{\partial t}$ (1), $\text{rot}\,\tilde{h} = \gamma\mathbf{I} + \varepsilon\frac{\partial\tilde{k}}{\partial t} + \mathbf{Ii}$ (2)

It is this differential equations of the second order non-homogeneous since the symbol rot is an abbreviation of $\{\frac{\partial}{\partial x},\frac{\partial}{\partial y},\frac{\partial}{\partial z};\frac{\partial}{\partial t}\}$ (2 ')

For the solution of the (2) has worked for two centuries. Here we stop at simple nod (**extended settled ing-63/Vol.VI**).

Actually the physical correspondence of (a) are the inductions of magnetic induction and electric displacement $\{B\leftrightarrow\tilde{h}, D\leftrightarrow\tilde{k}\}$ (b).

In short you can say "If an electrical charge as the electron moves, (2 '), create magnetic field (1), and vice versa an electric displacement D an electric field $\tilde{k}$

I SEGNALI DEI CAMPI ELETTROMAGNETICI

(La metrica delle emissioni) frequenza f ▼ lunghezza ▼ d'onda λ

(1) Natura della Radiazione	(2) Specie della Radiazione	SORGENTE	(3) Energia radiante in MeV	(4) Tensione volt V	14-Ttbr Uso	(5) Frequenza $f=c/\lambda \sim$ Hz	(6) Lunghezza d'onda λ in nano metri	
Raggi	Cosmici	Gas stellari	10				N.B. La lunghezza d'onda si usava esprimerla in Angstrom Ora la C.E.U ha imposto come unità il nano metro	n.m.
nucleari α di	Elio (2He 4)	SPAZIO CORPUSCOLARE emissione Nucleo dell'atomo o della molecola Radioattività e frantumazione con acceleratori	10^{+13}	$1000\ 10^{+7}$		$3\,10^{21}$		10^{-4}
Rottura β^-	Negatoni		10^{+12}	$1236\ 10^{+6}$		$3\,10^{20}$		10^{-3}
β^+	Positroni		10^{+10}	$1236\ 10^{+5}$	Radioterapia	$3\,10^{19}$		10^{-2}
Raggi luce γ	Fotoni (hf)		10^{+9}	$1{,}236\ 10^{+4}$	Radiografia	$3\,10^{18}$		10^{-1}
Spazio della Diffrazione			10^{+8}	$1236\ 10^{+3}$	La(57)-Zn(3)	$3\,10^{17}$		1
Spettri di	primatica		10^{+7}	12,36	fotometria	$3\,10^{16}$		10
diffrazione	Atmosferica		10^{+6}	1,236	fotometria	$3\,10^{15}$		100
	Specie	sorgente	Tensione	usi	Frequenza	Lunghezza dell'onda		$\vec{K}$-$\vec{H}$
	ultravioletto	Hg (gassoso)	<1V	fotometria	$1{,}1821\ 0^{15}$ Hz	λ→2537Å	0,2537μ	$2537\ 10^{-7}$ m
Spazio SPETTRO VISIBILE Ottico	Violetto	Spazio	-----		$7{,}50\ 10^{+14}$	λ→4000	0,4000	$4000\ 10^{-7}$
	Verde	altri	<1V			λ→		
	Rosso	ottico	-----		$3{,}75.10^{+14}$	λ→8000	0,8000	$00\ 10^{-7}$
Limite	Infrarosso	sole	-----		$5{,}66\ 10^{12}$	λ→530000	53 μ	$5{,}3.10^{-5}$ m
Spazio Hertziano Elettro Magnetico	Bose				$5{,}00\ 10^{10}$	λ→ $6\,10^{7}$	$6\,10^{3}$	$6\,10^{-3}$
	Righi				$1{,}20\ .10^{10}$	λ→ 5.10^{8}	5.10^{4}	5.10^{-2}
	Corte				$3{,}00\ .10^{8}$	λ→ 1.10^{10}	1.10^{6}	1. m
					$3{,}00\ .10^{7}$	λ→ 1.10^{11}	1.10^{7}	1.10^{1}
	Medie				$3{,}00\ .10^{6}$	λ→ 1.10^{12}	1.10^{8}	1.10^{2}
					$3{,}00\ .10^{5}$	λ→ 1.10^{13}	1.10^{9}	1.10^{3}
	lunghe				$3{,}00\ .10^{4}$	λ→ 1.10^{14}	1.10^{10}	1.10^{4}

Le particelle degli elementi radioattivi di **Fig6** posseggono energie dell'ordine di centinaia di GeV(miliardi di elettron volta) emesse dalle fornaci stellari o prodotte dagli acceleratori .

RADIAZIONE ELETTROMAGNETICA {ħ - ħ a spettro discontinuo(a righe)} Fig6 Ttsd

Natura radiazione	Specie radiante	Sorgente	Energia radiante	Tensione in volt V	Uso	Frequenza Hz $f=c/\lambda$	Lunghezza d'onda λ Å	μ	nm
Raggi cosmici		Cosmo	~10[illegible] eV				A ~		
Raggi β	Penetranti	nucleari	10^{+8}						
Raggi α	Elettroni	rottura	10^{+7}	1000 10[illegible]		$3\,10^{21}$	10^{-3}	10^{-7}	10^{-4}
Raggi X (onde)	Effetto	fotoel. c	10^{+6}	$1236\,10^{-6}$		$3\,10^{20}$	10^{-2}	10^{-6}	10^{-3}
	diffrazione	cristalli	10^{+5}	$1236\,10^{-5}$	Radioterapia	$3\,10^{19}$	10^{-1}	10^{-5}	10^{-2}
	diffrazione	cristalli	10[illegible]	1236 10[illegible]	Radiografia	$3\,10^{18}$	10^{0}	10[illegible]	10^{-1}
	Molli Thomson	1896	10^{+3}	$1236\,10^{-3}$	La(57)-Zn(3)	$3\,10^{17}$	10^{1}	10^{-3}	1
	Molli Rutherford	1894	10	1236	fotometria	$3\,10^{16}$	10^{2}	10^{-2}	10
			1	1236	fotometria	$3\,10^{15}$	10^{3}	10^{-1}	100

[a]L'oscillatore RCL Fig7

In posizione **on** invia all'oscillatore Z(RCL) il segnale, interdicendolo in posizione off)

Tq(Corto circuita(**C,C,**) i generatori **f.e.m** $\tilde{e}$**,E**

T_R(In **on C,C,R** riduce Z(C,L) alla memoria SISTEMA MAETRICO (Voltmetri inseriti in parallelo alla impendenza per rilevare le d.d.p. ai morsetti dei componenti.Condensatore statico (morsetti m3 -m2) Condensatore a capacità variabile(morsetti m3 -m2) Generatore f.e.m in alternata sinusoidale **(a)** Generatore **f.e.m** costante **(b)**

COMPLEMENT DESCRIPTIVE pg-141a

The particles of radioactive elements **Fig6** possess energies of the order of hundreds of **GeV** (billion electron time) issued by the stellar furnaces or produced by accelerators.

[a] The oscillator RCl Fig7

You (In position on the oscillator sends Z (RCL) signal, interdicendolo off position)

$T\bar{q}$ (Short circuita (C, C) generators emf, E

T_R (In on C, C, R reduces Z (C , L) to the memory SYSTEM MAETRICO (Voltmeters inserted in parallel with the impedance to detect the ddp to the terminals of the components. static condenser (terminals m3-m2) Condenser capacity variable (terminals m2-m3)

Generator sinusoidal alternating **(a)** generator **e.m.f.** constant **(b)**

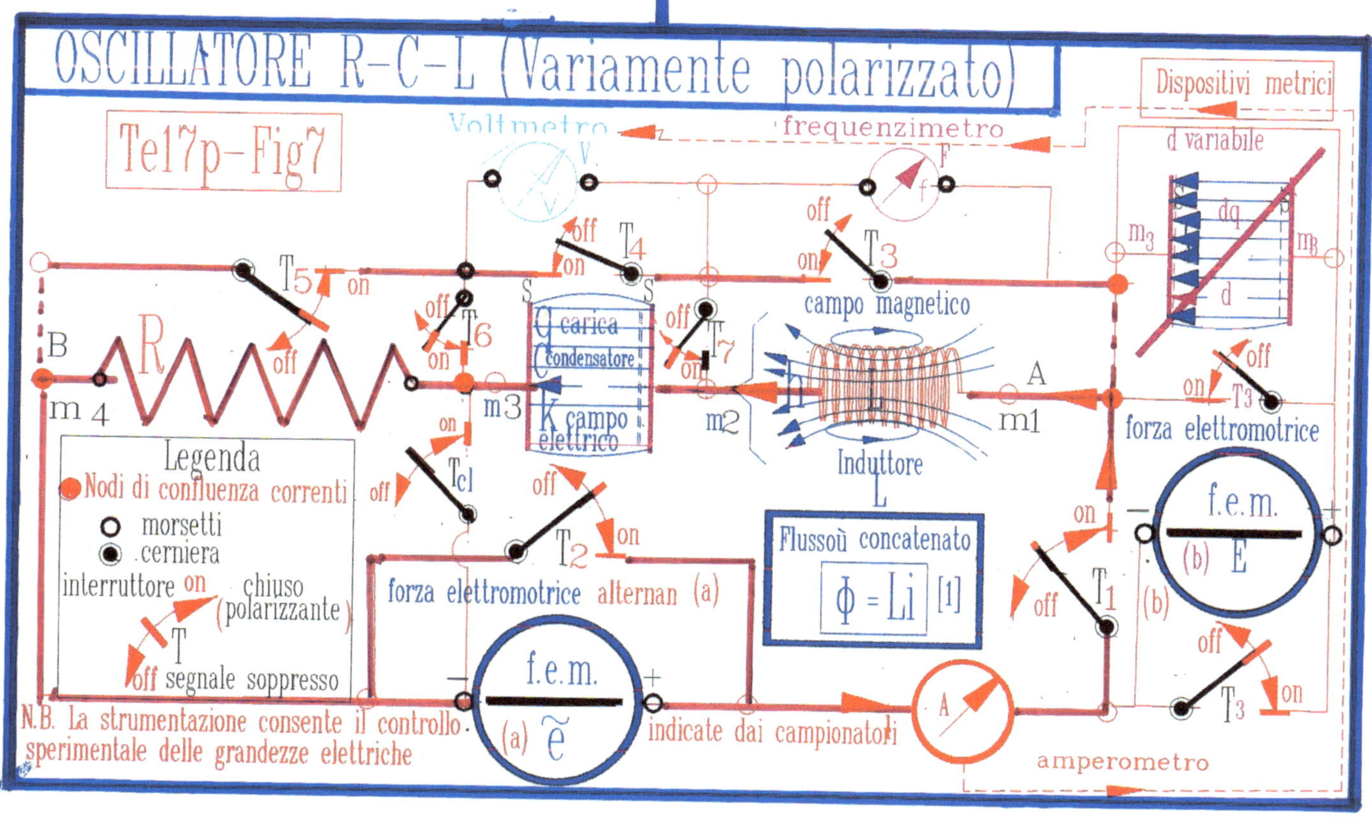

Le particelle degli elementi radioattivi di **Fig6** posseggono energie dell'ordine di centinaia di GeV(miliardi di elettron volta) emesse dalle fornaci stellari o prodotte dagli acceleratori .

RADIAZIONE ELETTROMAGNETICA {$\tilde{E}$ - $\tilde{E}$ a spettro discontinuo(a righe)} Fig6 Ttsd

Natura radiazione	Specie radiante	Sorgente	Energia radiante	Tensione in volt V	Uso	Frequenza Hz $f=c/\lambda$	Lunghezza d'onda Å	μ	nm
Raggi cosmici		Cosmo	$\sim 10^{+16}$ eV	----------	----------				
Raggi β	Penetranti	nucleari	10^{+8}	----------	----------				
Raggi α	Elettroni	rottura	10^{+7}	$1000\ 10^{+7}$		310^{21}	10^{-3}	10^{-7}	10^{-4}
Raggi X(canale)	Effetto	fotoel. co	10^{-6}	$1236\ 10^{-6}$		310^{20}	10^{-2}	10^{-6}	10^{-3}
	diffrazione	cristalli	10^{+5}	$1236\ 10^{+5}$	Radioterapia	310^{19}	10^{-1}	10^{-5}	10^{-2}
	diffrazione	cristalli	10^{+4}	$1236\ 10^{+4}$	Radiografia	310^{18}	10^{0}	10^{-4}	10^{-1}
	Molli Thomson	1896	10^{+3}	$1236\ 10^{+3}$	La(57)-Zn(3)	310^{17}	10^{1}	10^{-3}	1
	Molli Rutherford	1894	10	1236	fotometria	310^{16}	10^{2}	10^{-2}	10
			1	1236	fotometria	310^{15}	10^{3}	10^{-1}	100

[a]L'oscillatore RCL Fig7

In posizione **on** invia all'oscillatore Z(RCL) il segnale, interdicendolo in posizione **off**)

T**q**(Corto circuita(**C,C**,) i generatori **f.e.m $\tilde{e}$,E**

T**R**(In **on C,C,R** riduce Z(C,L) alla memoria SISTEMA MAETRICO (Voltmetri inseriti in parallelo alla impendenza per rilevare le d.d.p. ai morsetti dei componenti.Condensatore statico (morsetti **m3 -m2**) Condensatore a capacità variabile(morsetti m3 -m2) **Generatore f.e.m in alternata sinusoidale (a)** **Generatore f.e.m costante (b)**

COMPLEMENT DESCRIPTIVE pg-142

The particles of radioactive elements **Fig6** possess energies of the order of hundreds of **GeV** (billion electron time) issued by the stellar furnaces or produced by accelerators.

[a] The oscillator RCl Fig7

You (In position **on** the oscillator sends Z (RCL) signal, swicth **off** position)

T$\bar{q}$ (Short circuita (C, C) generators **e.m.f. $\tilde{e}$, E**

T**R** (In **on C, C, R** reduces Z (C , L) to the memory SYSTEM MAETRICO (Voltmeters inserted in parallel with the impedance to detect the ddp to the terminals of the components.

Static condenser (terminals **m3-m2**)

Condenser capacity variable (terminals m3-m2)

Generator sinusoidal alternating (a) generator e.m.f. constant (b)

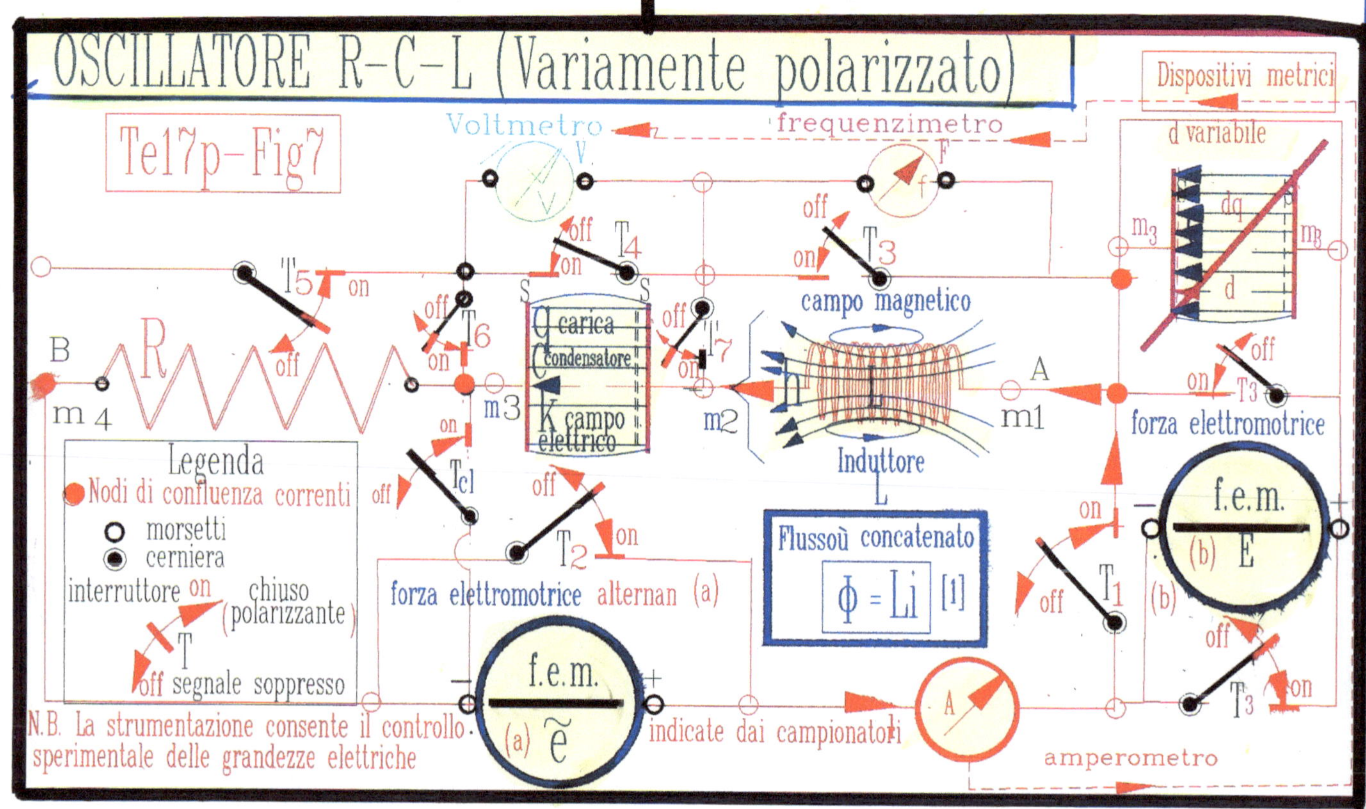

[I] La costituzione della materia

Come sappiamo l'atomo è un microuniverso ritenuto dai filosofi Greci indivisibile(ατομοσ). In realtà è invece un micro universo invisibile al più potente dei microscopi. L'Homo sapiens ha stabilito che la materia organizzata sia un sistema del tipo cristallino, **fig.1** , con la banda

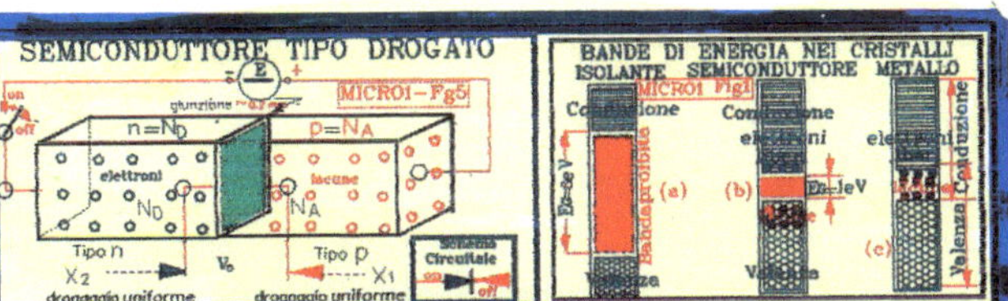

di valenza nel semiconduttore del diodo ,**Fig5** in cui gli atomi n di elettroni in eccesso, detti donatori N_D e di elettroni in difetto N_A,detti accettatori La **Fig1** rappresenta il diverso comportamento dei cristalli distini in isolanti, metalli e semiconduttori della struttura atomica dei cristalli .In particolare dei semiconduttori (**s.c.**).Dei quali, a pg-90b, sono date le proprietà fisicche.**[II]** L'atomo ha una struttura fisica costituita dagli elettroni del mantello esterno e di protoni del nucleo con carica opposta. Gli atomi hanno un mantello esterno occupato da molti elettroni elettroni,**Fig1-FIG01**. Il solo protio ha un unico elettrone ed un solo protone (isotopo dell'idrogeno) $_1H^1$.Questo spiega perchè l'Homo sapiens sia stato indotto ad occuparsi Per la storia il primo **E.Rutherford** (1871-1937) che ha formulato la ipotesi< Gli elettroni descrivono "orbite"attorno al nucleo come i pianeti attor no al sole> Ogni elettrone: **Bohr**(1885-1962)in orbita <può occupare solo orbite"possibili , fra due stati di energia discreti rispetto al nucleo> **Fig1-FIG01**. Gli elettroni sono quantizzati **Planck**(1858-1947).La legge <fra 2 stati di energia cinetica **Wi>Wj** ,se $W_i-W_j=\Delta W>0$ (1) > L'elettrone ecctato irradia alla **frequenza**: $f=\frac{W_i-W_j}{h}$ (2) (**h**=costante)

[I] The constitution of matter

As we know the atom is a micro re-run by the Greek philosophers indivisible (ατομοσ). In reality is a micro universe invisible to the most powerful of microscopes. Homo sapiens has determined that the matter is an organized system of crystalline type, **Figure 1**, with the valence band in the semiconductor diode, **Fig5** in which the atoms n of excess electrons, such donors N_D and electrons in defect N_A, said acceptors the **Fig1** represents the different behavior of the crystals distini in insulators, metals and semiconductors of the atomic structure of the crystals. specifically semiconductor (**sc**). Dei which, pg-90b, are given the proper-ties physical-electronic .

[II] The atom has a physical structure consists of the electrons in the outer shell and the nucleus of protons with opposite charge. The atoms have an outer many occupied by electrons electrons, **Fig1-FIG01**

The protium has only one electron and one proton, isotope (isotope of hydrogen) $_1H^1$.

This explains why Homo sapiens was induced to deal with it. For the history of the first **E.Rutherford** (1871-1937) formulated the hypothesis that

<Electrons describe "orbits" around the nucleus like planets around the sun>

Each electron **Bohr** (1885-1962) <in orbit can only occupy orbits "possible, between two discrete energy states of the nucleus> **Fig1-FIG01**.

The electrons are quantized **Planck** (1858-1947). <fra 2 The law states kinetic energy **Wi> Wj**.

if $W_i-W_j=\Delta W>0$ (1) >

is the excited electron emits radiation of **frequency**: $f=\frac{W_i-W_j}{h}$ (2) (**h**=costant)

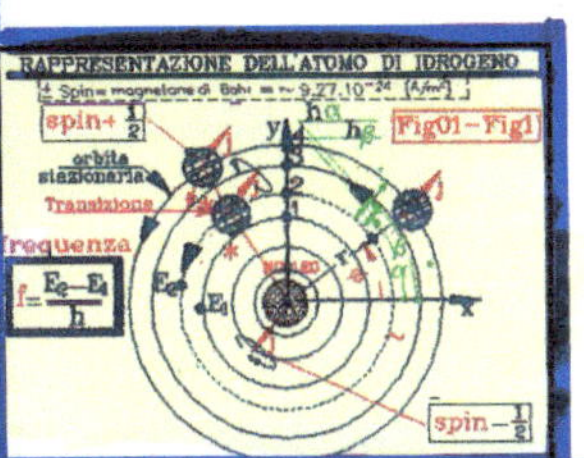

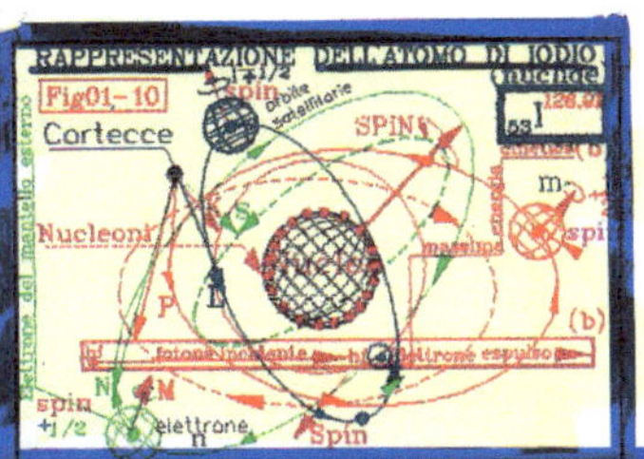

[I]Amplificatori lineari, per piccoli segnali

Fra i Diodi quello di Esaki,Fig10-Micro1 è un diodo a caratteristica di potenza usata per il tratto lineare : per la realizzazione dei diodi al germenion e del silicio se drogati.

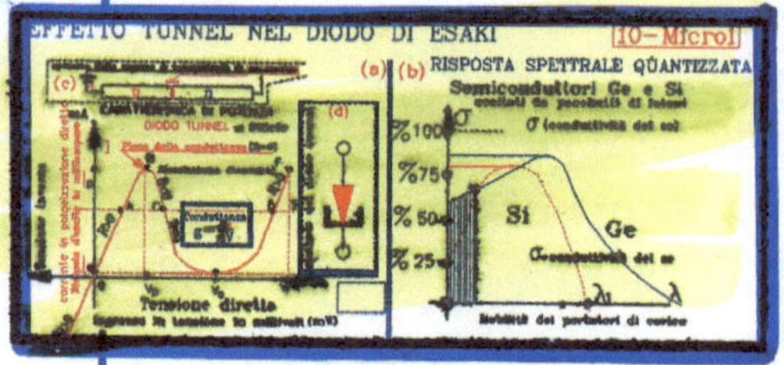

Comunque il funzionamento della caratteristica di potenza è limitataa al tratto lineare con riferimento ad un ingresso in tensione ed uscita in corrente

.Diversi i TRANSISTOR

Infatti la **nicchia (a)**

GRANDEZZE SPECIFICHE MICROELETTRONICHE

N°		Simb.	TAB-W Descrizione	FORMULA
1	a	d	Buca del potenziale dell'elettrone equivalente al Condensatore	V= q/C
2	b	ε	Permittività elettrica del mezzo attivato (condensatore fisico)	ε=Cd/S
3	c	σ	Conduttività del mezzo materiale (m/hom)inversa della R	corrente J=nqu=uk
4	d	I	Densità di corrente in un conduttore lungo L attraversato da n elettroni del tempo T	I=Nqu/T
5	e	np	Legge della azione di massa in un s.c.drogato np	$np = n_i^2$
6	f	n≃nD	Equivalenza degli elettroni n con atomi donatori D nel s.c.del tipo np e del tipo pn	$p_n = n_i^2/N_D$
7	g	J	Corrente totale nel s.c.di elettroni più lacune polarizzate inversamente	$J_t = (n\mu_n + p\mu_p)qk$
8	h	p.n	Giunzione p-n a circuito aperto (lati drogati p n) a T Cost.	$n_i^2 = AT^3 e^{-Eg/k_BT}$
9	i	σ_h	Conduttività dei s.c. del Germanio e del silicio	$\sigma = (n\mu_n + p\mu_p)$
10	l	I	Corrente trasversale dovuta all'effetto Hal (Micro2-Fig6) (k=campo elettrico)	q.k=B.q.u
11	j	λ	Risposta spettrale della minima energia di un fotone per la eccitazione di un elettrone [f=(E1-E2)/h] (Eg=in EV)	$\lambda = 1{,}24/E_G$
12	k	μ	In condizioni di equilibrio l'intensità del campo elettrico k=E dovuto all'effetto Hall esercita una forza sui portatori	
13	l	p	Generazione e ricombinazione delle lacune p (in equilibrio) La densità dei portatori minoritari in eccesso p'(iniettati)	dp/dt=g-(p/τ

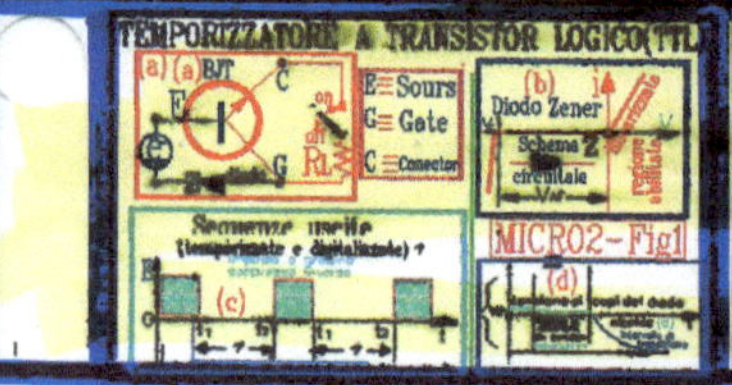

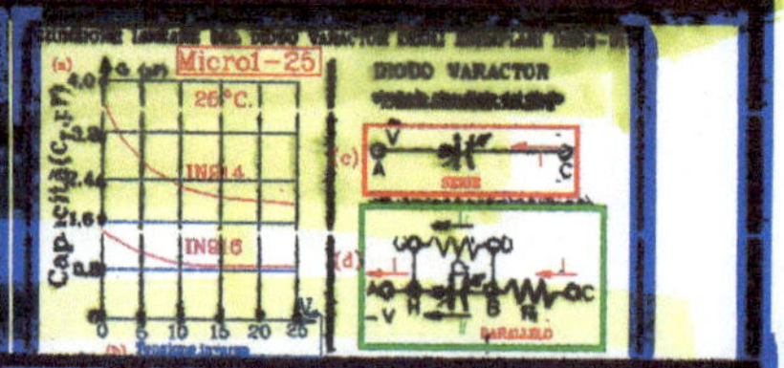

a confronto con la (b) mostra che il Diodo è un componente , caratteristica di potenza: P=VI (1) mentre il Transistor ,nicchia (a) è collegato alla retta di carico R_L e quindi è un dispositivo due vie . Con emettitore $\tilde{e}(t)$ applicato in E

In tal caso caso le uscite in corrente possono essere digitalizzate,nicchia (c) . Nella Fig25 è riportata la capacità del diodo varatctor atto a descrivere una opportuna banda di frequenze dello spazio elettromagnetico{K, H}

[I] Linear amplifiers for small traffic signal

Among Diodes to Esaki , fig10 - MICRO1 is a diode in the output characteristic , used in the stretch linear line for the realization of the germanium diodes and silicio if junkies .

However the operation of the power characteristic is limitataa the linear section with reference a to go entry the voltage and output in the corrente.

To diversifish TRANSISTOR .

In fact, the **niche (a)**

In comparison with (b) shows that the diode is a component whose characteristic power:

P = VI while the Transistor, niche (a) is to connenct the line of load R_L and is therefore a two-way device.

With $\tilde{e}(t)$ emitter applied in E In this case, if the current outputs can they rescanned, niche (c).

In Fig25 anny is reported the ability of the diode varatctor able to describe true a suitable frequency band of electromagnetic space {K, H},}

[II] Il transistor MOSFET

Dalla pg-13alla pg138 abbiamo presentato il trasistor **BJT**. Il transistor **MOSFET** di **Fig3a**

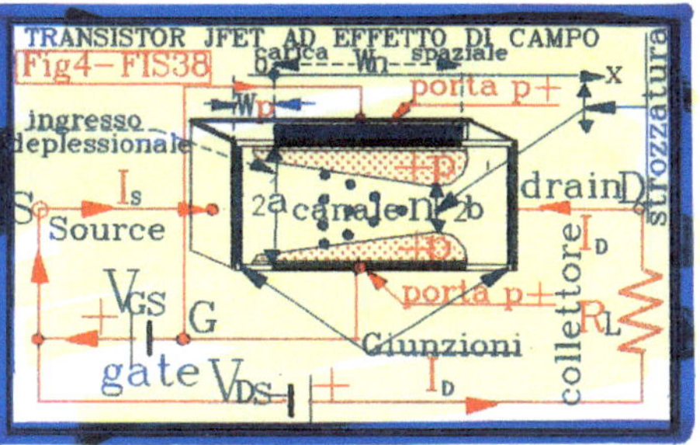

2 gate di tipo **n** e **p** fra loro in parallelo **(a)** e indipendenti. Il MOSFET in serie ,nicchia **(b)** riflette la connessione **p-n** dei diodi a giunzione.

[II] Ideogramma caratteristico del JFET

(Junction-Field-Effect-Transistor) Si tratta di un dispositivo comandato in tensione **Vi** per il controllo della corrente di elettroni in regione di conduzione del canale **n** , **Fig4-FIS38** . Se

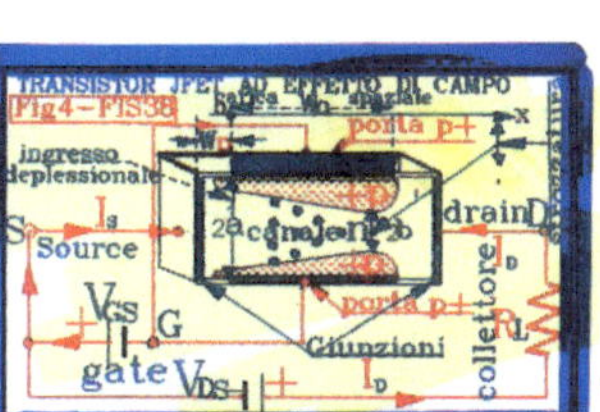

si applica: $V_{DS} << V_{GS}$ (1) si ottiene una densità di carica spaziale nel canale **n** da ritenersi uniforme. In queste condizioni la corrente I_D , per un certo valore costante di V_{GS} , varia linearmente con la tensione V_{DS}. Se la tensione di drain non è piccola la densità delle cariche mobili nel canale non è più uniforme ma aumenta nella regione del collettore . Infatti trascurando le cadute di tensione a dx e sx della barretta di **s.c.** in polarizzazione inversa delle giunzioni dal lato source è:-$|V_{GS}|$,mentre quella dal lato **drain** (collettore) è: $-|V_{GS}+V_{DS}|$ (2) e la intensità della corrente nel canale ristretto cresce La nichia **(A)** presenta un transistor a spostamento di carica dinamica di potenza (B) La uscita V_{DS} **(B) rappresenta la caratterisitica di potenza del drain per la tensione** Y_{DS}.

[II] The transistor MOSFET

From pg138 pg-131ala we presented the trasistor **BJT**. The **MOSFET** transistors of **Fig3a**

2-type gate **n** e **p** together in parallel **(a)** and independent. The MOSFET in series, niche **(b)** reflects the connection of **p-n** junction diodes.

[II] Ideogramma characteristic of JFET

(Junction-Field-Effect-Transistor) To rapresent the device in voltage **Vi** to control the current of electrons in the conduction region of the channel **n**, **Fig4-FIS38**. If you apply :$V_{DS} << V_{GS}$ (1) you get a space charge densities in the word n rite standing almost uniform.

In these conditions, the current I_D, for a certain constant value of V_{GS} varies linearly with the voltage V_{DS}. If the drain voltage is not small the density of the charge carriers in the channel is not uniform but increases in the region of the collector. In fact, neglecting the voltage drop of the right and left-

finger of **s.c.** the reverse bias of the junctions from the source side is :-$|V_{GS}|$, while that from the side-drain (collector) is: $-|V_{GS}+V_{DS}|$ (2) . It follows that the intensity of the current in the channel that tapers increases.

The Nichia **(A)** has a transistor to move the charged dynamic power **(B)**

The output V_{DS} **(B) which represents the chararcteristics power of the drain voltage for the** Y_{DS}.

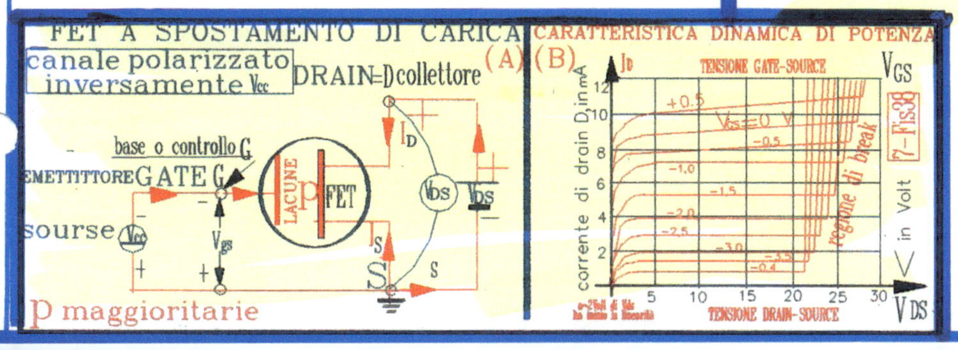

Il transisitore FET o JFET a giunzione ad effetto di campo Fig-11 Questo dispositivo a s.c. opera come controllo sulla corrente da un campo elettrico k̃ Sia in continua che in alternata.

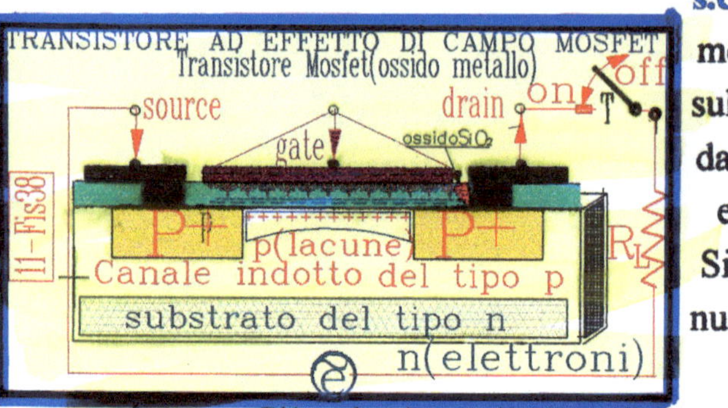

Ciò vale sia per il FET, il JFET e il IGFET<insulated-gate-field effect transistor) I transistori ad effettodi campo differiscono dal TRS bipolare a giunzione

[1] **Il funzionamento** . Dipende dal solo flusso dei portatori maggioritari cioè unipolare.

[2] **E' più semplice da realizzare Di limitato ingombro(piccolo).**

[3] **Ha elevata impedenza di ingresso(MOhm)**

[4] **E' meno rumoroso di un transistor bipolare**

[5] **Non presenta una tensione diversa da zero per corrente di drain nulla(offset) per questo può funzionare bene da interruttore**

Del JFET abbiamo visto a pagina precedente

Consideriamo ora il FET a canale n di Fig.3

[6] **Funzionamento** . Si ricordi che dalle due parti della giunzione del FET,polarizzata inversamente di carica spaziale p-n nella regione di transizone Dato che i portatori di carica hanno attraversato la giunzione con la perdita di n dal lato p e viceversa.....

The transisitore FET or JFET junction field effect Fig-11 .This device s.c. operates as a control k̃ on the electric current from one end, either direct or alternating ~

This applies to the **FET, the JFET and IGFET (respectively: insulated-gate field-effect transistor)**

The transistors ef-fettodi diffuse field hurt from TRS bipolar junction

[1] **its operation depends** on the stream only know of majority carriers ie unipolar.

[2] **It 's easier to achieve and it is small.**

[3] **It has high input impedance (MOhm)**

[4] **Is quieter than a bipolar transistor**

[5] **It does not have a non-zero voltage drain current to zero (offset) for this can work well as a switch**

Of JFET we seen on the previous page.

Consider the n-channel FET of Fig.3

[6] **Operation**.

Recall that by the two sides of the junction of the FET, Fig3 inversely polarized space charge pn in the transition region given that the charge carriers have crossed the junction with the loss of n-side p and different.....

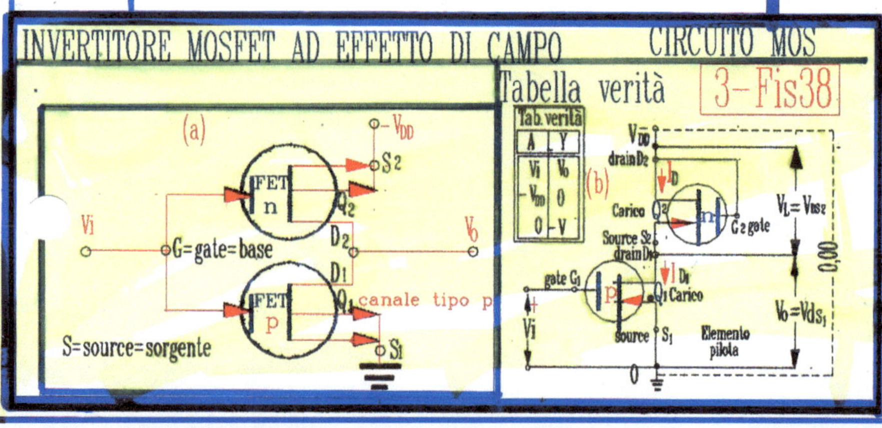

[I] Il Caratteristiche statiche di un FET

La Fig7A-Fis38 mostra, al variare della VDS la corrente di DRAIN che assume un andamento di

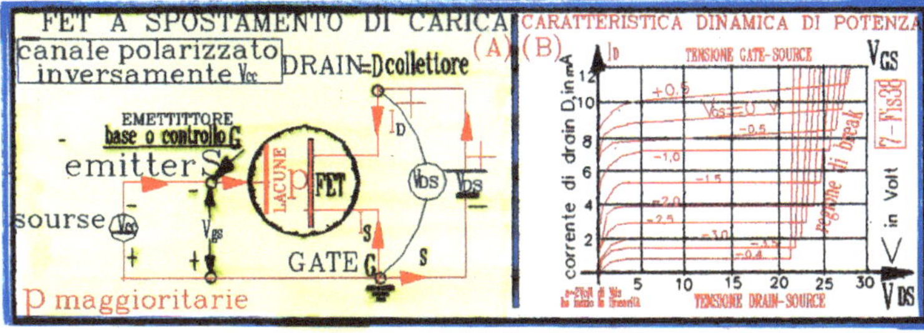

rescita fino a 5 Volt (B) per poi circolare dal ginocchio e fino a 20 Volt costante in modo uniforme fino all'effetto valanga(break).

Nel caso del JFET ad effetto di campo la giunzione si comporta come un sistema unipolare che si riassume: Fig4-Fis38.

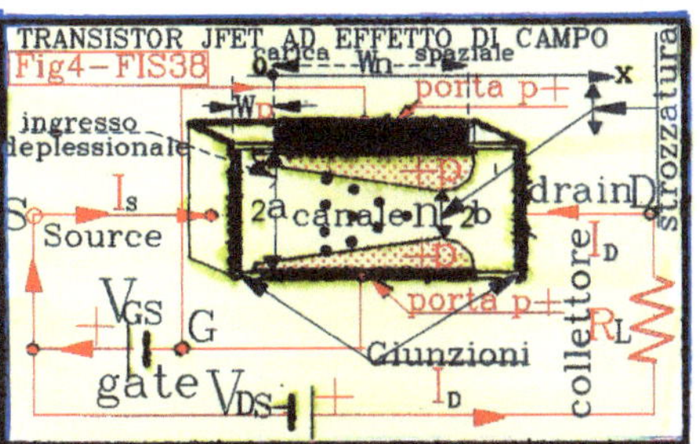

Una breve sintesi nella regione spaziale W (canale con strozzamento).

Dalla pg-139 si ha : Wp=Wn nel diodo p-n , se è drogato uniformemente. Ma nel caso, per la regione W si porrà : $W_p << W_n$ (1) e quindi al variare di x si avrà : $W_n(x) << W_p(x)$ (2) Perciò alla distamza x da O si avrà :

$W(x) = a - b(x) = \{\frac{2\varepsilon}{qN_d}[V_o - V(x)]\}^{1/2}$ (3) . Con :

ε=Costante dielettrica del canale materiale # q=carica dell'elettrone # Vo =potenziale di contatto della giunzione in x # V(x)=potenziale applicato ai capi della regione di carica spaziale in x(negativo se polarizzato inversamente)# La a-b(x)=penetrazione W(x) della regione di svuotamento del canale a distanza x. La Fig27-Fis38 mostra un circuito amplificatore per iperfrequenze le cui bande di frequenza sono filtrate da condensatori C, a capacità variabile.

[I] The static characteristics of a FET

The Fig7A - Fis38 shows , the variation of the DRAIN current VDS that assumes a trend of rapid growth up to 5 Volts (B) and then from the circular ginocchio and up to 20 V constant evenly until snowball effect (break) .

In the case of the JFET effect of the junction field action acts as a unipolar system which is summarized : Fig4 - Fis38 . A brief summary in the space region W (channel with throttling) .

From pg -139 has: Wp=Wn in p-n diode , if it is uniformly doped .

But it is needed in case,for the king will arise region W :

$W_p << W_n$ (1) and then the variation of x we have :

$W_n(x) << W_p(x)$ (2) Thus, the distamza x O we have:

$W(x) = a - b(x) = \{\frac{2\varepsilon}{qN_d}[V_o - V(x)]\}^{1/2}$ (3) . With :

ε = dielectric constant of the material channel #

q = electron charge # V_o contact potential of junction in x # V (x) = potential applied to the heads of the space-charge region in x (negative if reverse biased) #

a- b (x) = penetration W (x) in the region of emptying of the channel at a distance x .

The Fig27 - Fis38 shows an amplifier circuit for iperfrequen - zele which frequency bands are filtered by capacitors C, of variable capacity .

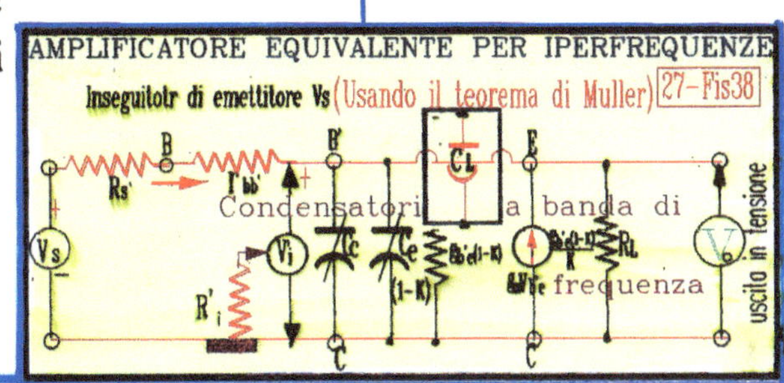

[I] Un amplificatore modulato in frequenza

Nella **Fig1-FIS40** è rappresentato il dispositivo elettronico noto come amplificatore monolitico Il condensatore **C** di 2^{-6}**pF** è posto in risonanza

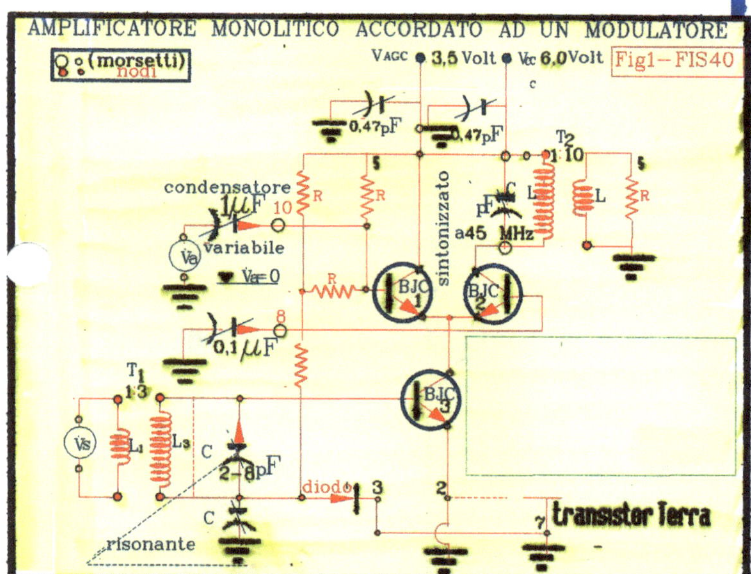

al transisistor **BJC**$_3$,collegato a **BJC**$_1$ e **BJC**$_2$. Questi transistor,collegati in prallelo, forniscono all'uscita del dispositivo il segnale per mezzo di 2 condensatori variabili, **C**$_1$e **C**$_2$. Operanti su bande di frequenza modulate nel rapporto : **T2(1:10)** (1) , accordate con il modulatore della maglia **L→ R** Questo micro dispositivo è stato realizzatodalla Motorola (anni 60) a componenti logici (**R-C-L**)e microprocessori del tipo **BJC (Binary junction conductor)** .Si sono potuti realizzare i primi calcolatori elettronici. Il soft del calcolatore dopo l'ingresso dei dati di calcolo in forma logaritmica forniva in pochi secondi quello che il calcolo logaritmico richiedeva tempi lunghi. Nelle **Fig21-FIS4** è rappresentato un amplificatore symbolico e nella nicchia **(b)** il circuito equivalente per basse frequenze relativi a due ingressi **V**$_1$ e **V**$_2$ e la uscita **V**$_0$.

[I] An amplifier frequency modulated

In **Fig1 - FIS40** is represented the electronic device known as a monolithic amplifier

The capacitor **C** of 2^{-6}**pF** is placed in resonance to transisistor**BJC**$_3$, connected to **BJC**$_1$ and **BJC**$_2$.

These transistors , connected in prallelo , provide the signal output of the device by means of two variable capacitors , **C**$_2$ **C**$_1$.
Operating on frequencies modulated in the report: **T2 (1:10)** (1) , agreed with the modulator mesh **L→ R**

This micro device was realized to Motorola (year 60) to logical components (RCL) and microprocessors of the type **BJC (Binary junction conductor)**

They realize the first electronic calcolatyng .

The soft computer after the input calculation data in logarithmic form provided in a few seconds what the co - calculating logarithms required long times .

In **Fig21 - FIS4** is represented an amplifier symbolico and in the niche **(b)** the equivalent circuit for low frequencies relative to the two inputs **V**$_1$ and **V**$_2$ and the output **V**$_0$.

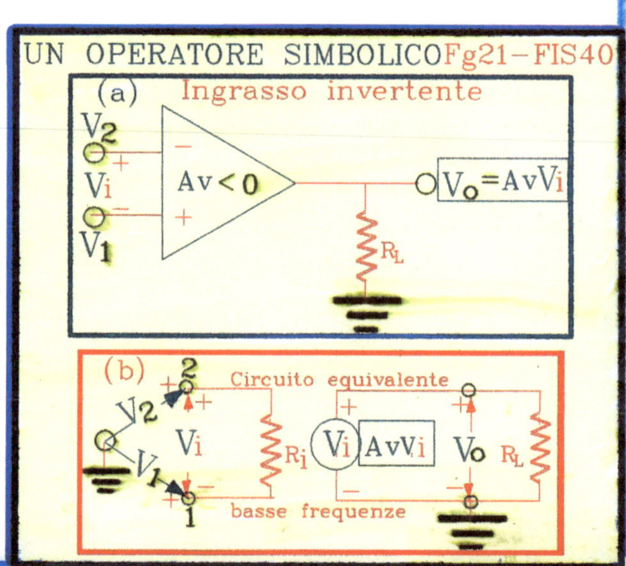

[III] Amplificatore di tensione Av

La Fig22-FIS40 mostra il circuito di un amplificatore operazionale ideale con l'impedenza di reazione Z e $\bar{Z}$, rispettivamente non invertente Z e $\bar{Z}$ ivertente

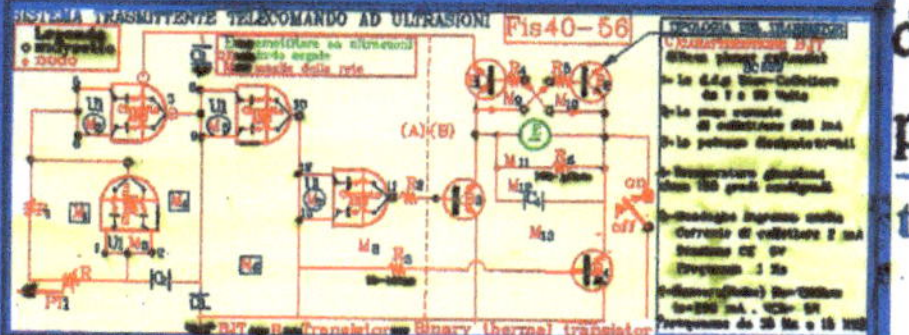

Ricordiamo (Vol-V) che si tratta di due numeri complessi coniugati il cui prodotto risulta formalizzato in frequenza:

$$Z \times \bar{Z} = \left(R + j\left(\omega L - \frac{1}{\omega C}\right)\right) \times \left(R - j\left(\omega L - \frac{1}{\omega C}\right)\right) = R^2 + \left(\omega L - \frac{1}{\omega C}\right)^2 \in Re \quad (1)$$

Il significato operazionale della (1) se la impedenza è ideale cioè senza dissipazione energetica si ha $R=0$ e quindi il funzionamento, posto l'interruttore T in on, cioè c.c. $R=0$ il sistema operativo è in condizioni di risonanza. Quindi si ha la pulsazione propria del sistema essendo $R=0$ la impedenza si riduce a $\left(\omega_0 L - \frac{1}{\omega_0 C}\right)^2 = 0$ (2). Allora dalla $\left(\omega_0 L - \frac{1}{\omega_0 C}\right) = 0$ si ha, riducendo allo stesso denominatore la pulsazione di risonanza: $\omega_0 = \frac{1}{\sqrt{LC}}$ (3)

[II] Per il rapporto delle impedenze.

$$Av_f = -\frac{\bar{Z}}{Z} = -\left[\left(R + j\left(\omega L - \frac{1}{\omega C}\right)\right) : \left(R - j\left(\omega L - \frac{1}{\omega C}\right)\right)\right] \quad (4) \ldots$$

[III] Sistemi trasmittenti ad ultrasuoni. Sono noti ed utilizzato per le aperture dei cancelli e delle porte dei veicoli. In questo caso l'onda elettromagnetica trasmessa al ricevittore opera mettendo in azione la corrente elettrica dell'equipaggio domestico o della batteria del veicolo Previa trasformazione del segnale di ingresso con quello di uscita accorddato con la frequenza di taratura dell'intero sistema, Fig56-Fis40 La tipologia dei transistor è indicata nei punti 1-2-3-4-5.

[III] The AV amplifier voltage

-FIS40 Fig22 shows the circuit of an ideal operational amplifier with impedances Z and reaction $\bar{Z}$ Respectively non inverting and inverting Z

Recall (Vol-V) that there are two complex conjugate numbers whose product risulata:

$$Z \times \bar{Z} = \left(R + j\left(\omega L - \frac{1}{\omega C}\right)\right) \times \left(R - j\left(\omega L - \frac{1}{\omega C}\right)\right) = R^2 + \left(\omega L - \frac{1}{\omega C}\right)^2 \in Re \quad (1)$$

The operational meaning of (1) if the impedance is ideal ie without energy dissipation as $R = 0$ and the function, place the switch on T, ie, cc $R = 0$, the system is operating in conditions resonance conditions. Then have the pulse-tion of its system where $R = 0$, the impedance reduces to $= 0$ $\left(\omega_0 L - \frac{1}{\omega_0 C}\right)^2 = 0$ (2). Then da $= 0$ we have the same denominator is obtained by reducing the resonance frequency: $\omega_0 = \frac{1}{\sqrt{LC}}$ (3).

[II] For the ratio of impedances.

$$Av_f = -\frac{\bar{Z}}{Z} = -\left[\left(R + j\left(\omega L - \frac{1}{\omega C}\right)\right) : \left(R - j\left(\omega L - \frac{1}{\omega C}\right)\right)\right] \quad (4) \ldots$$

[III] systems transmitting ultrasound. Are known and used for the openings of gates and doors of the vehicles. In this case, the electromagnetic wave transmitted to ricevittore work putting into action the electric current domestic or crew of the vehicle battery, after transformation of the input signal with the output accorddato with the frequency calibration of the entire system, Fig56- Fis40 The type of transistor is shown in the points 1-2-3-4-5.

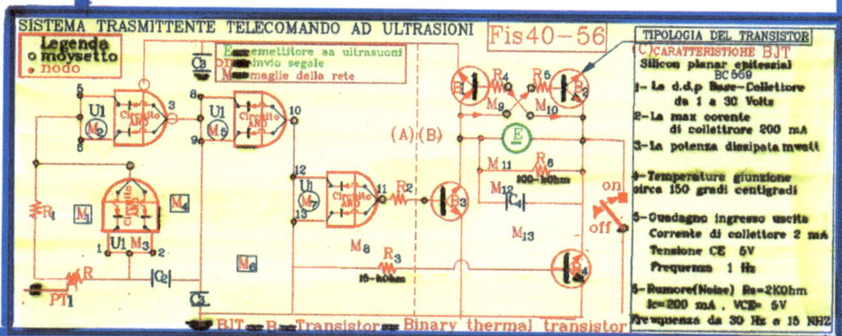

APPROCCIO AI CAMPI ELETTROMAGNETICI pg-150

L'oscillatoreprecedente è uno schema di rete elettrica la più semplice dal punto di vista operativo in quanto,pg-13, consente diottenere l'uscita incorrente mediante $\rightarrow y(t) = y_o(t) + y_p(t)$ (2) La (2)è stata risolta per la sola omogenea associata yo(t) a pg-12. Nel caso della **Fig10**, sono invece presenti VII maglie ed 11 orrenti incognite. Questo tipo multimaglia di retelettrica si risolve con il metodo di Laplace di pg-59 con il calcolo simbolico e la funzione di trasferimento .riportate alla pg71 di cui all'es. di pg-73si dà per noti i principi di : **[I]G.RKirchhoff**(1824-1887) .Il primo detto dei nodi secondo il quale tutte le correnti dei lati(almeno tre) che convergono nei nodi soddisfano alla condizione: $i_1+i_2+i_3+i_4+i_5+i_6+i_8+i_{10}+i_{11}+i_{12}+i_3=0$ nel rispettivo nodo **Le Maglie. secondo principio di Kirchhoff** . Soddisfano alla condizione per la quale la somma delle cadute di potenziale, per la presenza di elementi R,C,L è nulla.

Cosa sono i campi elettromagnetici {k̄ ,h̄ }
Una invenzione dell'Homo sapiens;utili deduttivamente ma pur sempre asssiomatici. In realtà k̄ è dedotto da vettore fisico dello spostamento elettrico D e B in corrispondenza biunivoca con :{k̄ ,h̄ }↔ {D , B } (1) La differenza fra interazioni consiste nel fatto che i campi{k̄ ,h̄ } **sono creati da una corrente elettrica ad per di un potenzilae esterno mentre i vettori {D , B } esistono in natura**(Carica elettrica statiac q ,calamita).

[II] Il sistema di J.K.Maxwell(1831-1892) Le equazioni alle derivate parziali del primo ordine, in forma sintetica di Maxwell non omogee sono definite: $\nabla\times \bar{k} = -\frac{\partial B}{\partial t}$ (1) $\nabla\times \bar{h} = \frac{\partial D}{\partial t} + J + Ji$ (2) . I vettori{J +Ji } (3) rappresentano la corrente impressa**Ji è la corrente libera J** Seconsideriamo la equivalenza formale: $\nabla\times = \frac{\partial}{\partial x} + \frac{\partial}{\partial y} + \frac{\partial}{\partial z}$ (4) la copia di equazoni (1)e (2) sono per definizione equazioni differendifferrenziali alle derivate parziali del che legano in campi alle induzioni dei. Si noti che i primi membri sono vettori puntuali dello spazio ed i secondi **membri induzioni e spostamenti di cariche elettriche nel vuoto**

TO ELECTROMAGNETIC FIELDS pg-150

The oscillatoreprecedente is a diagram of network electtric the most simple from the standpoint of operating as pg-13, allows the output to obtaint in courent by: $y(t)=y_o(t)+y_p(t)$ (2) has been resolved only for the associated homogeneous $y_o(t)$ in pg-12 . In the case of **fig10** , are present **jerseys VII and 11 orrenti unknowns** This type of multijersey tis network eletrics is solved by the method of Laplace pg -59 with symbolic computation and the transfer function . Brought to pg71 mentioned in exam . pg - 73si gives to known principles :

[I] G.RKirchhoff (1824-1887) . Said the first of the nodes according to the waht all branch currents (at least three) that converge in the nodes satisfy the condition: $i_1+i_2+i_3+i_4+i_5+i_6+i_8+i_{10}+i_{11}+i_{12}+i_3=0$ in the respective node The Jerseys . Kirchhoff **a second law** . Meet the condition for which the sum of the potential drops , for the presence of elements R, C , L is nothing .

What are electromagnetic fields {k̄ ,h̄ } An invention of Homo sapiens , but still useful deductively axsiomatic . It k̄ is actually derived from the physical carrier of electricalD and B displacement in bijective correspondence structed with : {k̄ ,h̄ }↔ {D , B } (1) The difference between interactions isB the fact that the fields **{k̄ ,h̄ } are created by an electric current to a potenzial outside while the vectors {Δ , B } exist in nature** (statiac electric charge q , magnet)

[II] The system JKMaxwell (1831-1892). The partial differential equations of the first order, in synthetic form of Maxwell omogenous are not defined : $\nabla\times \bar{k} = -\frac{\partial B}{\partial t}$ (1) $\nabla\times \bar{h} = \frac{\partial D}{\partial t} + J + Ji$ (2) . The vectors {J +Ji } (3) represent the current impresed sai is the free stream If to consider the formal equivalence : $\nabla\times = \frac{\partial}{\partial x} + \frac{\partial}{\partial y} + \frac{\partial}{\partial z}$ (4) a copy of equation (1) and (2) are by definition differential equations with partial derivatives that differrenzial bind in the fields of inductions . Note that the first members are carriers point of the space and the second **member inductions and movement of electric charges in a vacuum**

A.VOLTA 1754-1827

H. HERTZ 1857-1894

J.C. MAXWELL 1831-1892

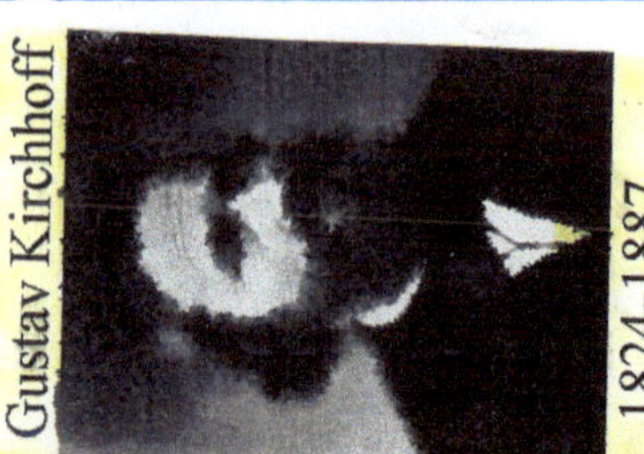

SINTESI PROPEDEUTICA ASSIOMATICA

La assiomatica è la scienza che si fonda su ipotesi, supposte vere fino a che non si dimostri il contrario. Es.per un punto passano infinite rette e per due punti una sola retta secondo i geometri della antica Grecia. Nel caso l'oggetto è la rappresentazione nello spazio vettoriale dell'onda luminosa. Il primo a formulare la propagazione di onda luminosa è stato il fisico **Huygens**(1619-1695)(Si veda Vol.II. **Storiografia Scientifica**,patrocinato dalComune di Verona)

Huygens ,**Fig56** postulò un'onda di pura di energia {E ,H }, mentre **Newton** pensava che si tratasse di particelle dotate di massa pesante. In conformità alla legge di attrazione universale. Per questo realizzò un esperimento nel 1666.Interposto un cristallo scopre lo **spectrum,Fig63** dei colori filtrati da un cristallo, generati dall'urto fra i nodi del cristallo e le particelle (neutrini,muoni,..)eiette dal Sole capaci con l'energia cinetica di eccitare il cristallo .Lo stesso fenomeno avviene con le gocce di d'acqua eccitate dopo un temporale dispiegando lo spettro dell'arco baleno .Avvertiamo subito che la materia è molto complessa sia per la grande varietà di leggi che per la simbologia dei Campi frutto del lavoro di secoli. Allo scopo di facilitare la lettura abbiamo riportato,**Tab-A** e **(B)**

INTRODUCTORY SUMMARY AXIOMATIC

The axiomatic is the science that is based on assumptions , suppositories true until proven otherwise . Eg to a point to spend endless lines and two points only one straight line according to the surveyors of ancient Greece. If the object is the rappresentation space vector of the light wave . The first to formulate the propagation of light wave was the physicist **Huygens** (1619-1695) (See Vol.II. **Scientific Historiography** sponsored dalComune of Verona)

Huygens postulated Fig56 a wave of pure di energy {E ,H,}, while **Newton** thought you tratasse of heavy particles with mass . In accordance with the law of universal attraction .

For this he realized an experiment in a 1666.

Place a cristal discovers the **spectrum** , **Fig63** , this colour filtered by a crystal, generated by impact between the nodes of the crystal and the particles (neutrinos, muons, ..) eiette capable with the energy from the Sun kinetic energy to excite the crystal. the same phenomenon occurs with drops of water after a storm excited by deploying the spectrum of the rainbow. immediately We feel that the matter is very complex and for the wide variety of laws that the symbol of the already - fields result of the work of centuries. In order to facilitate the reading we reported , **Tab -A** and **(B)**

TABULAZIONE GRANDEZZE DEI CAMPI ELETTROMAGNETICI DI MAXWELL

GRANDEZZE FISICHE E LORO SIMBOLOGIA Tab-A-pg-150A

N	DENOMINAZIONE	Vettori	EQUAZIONI DIFFERENZILI EINTEGRALI
1	Equzioni di Maxwell espresse in fuzioni d'onda spazio – tempo secondo Helmholz	$\tilde{E}, \tilde{H}$ $H, \tilde{E}, I$	$\nabla \times \tilde{E} = -\mu \frac{\partial \tilde{H}}{\partial t}$ $\nabla \times \tilde{H} = \varepsilon \frac{\partial \tilde{E}}{\partial t} + \gamma \tilde{E} + I$
2	Permittività (magnetica)	$\mu \ \varepsilon \ \gamma$	(elettrica) (conduzione)
3	Rotore di un vettore a Come si può costatare il rotore di un vettore è ancora un vettore $i a_x + j a_y + k a_z$	$\nabla \times \tilde{a}$ Vale per H, E, I.	Determinante $\equiv \text{rot}\, a = \begin{vmatrix} i & j & k \\ \frac{\partial a}{\partial x} & \frac{\partial a}{\partial y} & \frac{\partial a}{\partial z} \\ a_x & a_y & a_z \end{vmatrix} = i a_x + j a_y + k a_z$
4	Divergenza di una funzione Da un lemma di Gauss Se è funzione del punto f(x,y,z) definita e continua assieme alle sue derivate parziali prime in S con σ Sunerficie piaan chiusa Allora si hanno le(1)(2)(3)	$\nabla \cdot \Phi$	$\int_S \frac{\partial \Phi}{\partial x} ds = \int_\sigma f\alpha\, d\sigma$ (1) $\int_S \frac{\partial \Phi}{\partial y} ds = \int_\sigma f\beta\, d\sigma$ (2) $\int_S \frac{\partial \Phi}{\partial z} ds = \int_\sigma f\gamma\, d\sigma$ (3) Integrali
5	Il teorema della Divergenza Questo T.nasce dalla idrodinamica Sommando(1)(2)(3) si ha: $\int_S (\frac{\partial \Phi}{\partial x} + \frac{\partial \Phi}{\partial y} + \frac{\partial \Phi}{\partial z}) ds = \int_\sigma (\Phi\alpha + \Phi\beta + \Phi\gamma) d\sigma$ (4) Integrali La relazione $(\frac{\partial \Phi}{\partial x} + \frac{\partial \Phi}{\partial y} + \frac{\partial \Phi}{\partial z})$ (6) La(6)è invariante rispetto ad una trasformazione di assi triortogoli	Integrali	Analogo unidimensionale $\int_\sigma \frac{\partial f}{\partial x} d\sigma = \int_s f\alpha\, ds$ (4) $\int_\sigma \frac{\partial f}{\partial y} d\sigma = \int_s f\beta\, ds$ (5) Integrali Fig10–Am24
	DIVERGENZA DEL VETTORE Φ $\Phi = \nabla \cdot \bar{\Phi} = \frac{\partial \Phi}{\partial x} + \frac{\partial \Phi}{\partial y} + \frac{\partial \Phi}{\partial z}$ (7) Nello spazio	$\nabla \cdot \bar{\Phi}$	Detta $\Phi_n = \bar{\Phi} \times \bar{n}$ 8 $\text{div}\, \bar{\Phi} = \nabla \cdot \bar{\Phi} = \frac{\partial \Phi}{\partial x} + \frac{\partial \Phi}{\partial y}$ nel piano
7	GRADIENE DI FUNZIONE SCALARE funzione f(x,y,z) a derivate continue grad $= \nabla f = i \frac{\partial f}{\partial x} + j \frac{\partial f}{\partial y} + k \frac{\partial f}{\partial z}$ (9)	L'operatore grad muta una muta la f in un vettore	

(B)

a	A	α	Corrispondenza alfabeto greco
b	B	β	
c	C	χ	
d	Δ		
e	E	δ	
f	Φ	φ	
g	Γ	γ	
h	H	η	
i	I	ι	
j	ϑ		
m	M	μ	
n	N	ν	
o	O	ο	
p	Π	π	
q	Θ	ϑ	
r	P	ρ	
s	Σ	σ	
t	T	τ	
u	U	υ	
v	∇	∈	
x	X	ζ	
z	Z	ξ	

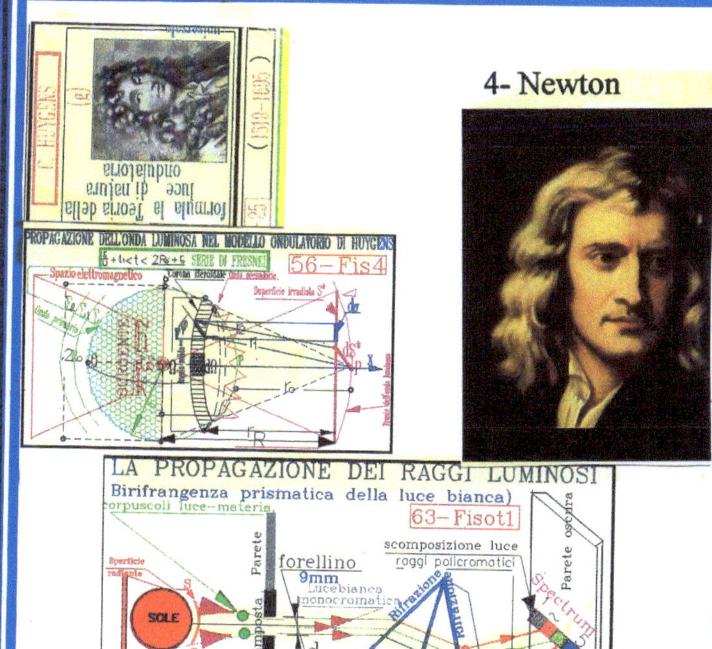

I TEOREMI DI ASSIOMATICA Tav-150B

[I] Un riepilogo mnemonico delle grandezze

$\underline{E}$ = Intensità del campo elettrico. Unità : V/m
$\underline{H}$ = " " " magnetico. " : A/m
$\frac{dD}{dt}$ =Corrente di spostamento " :A/sec.
$\tilde{\rho}$ = Densità di carica elettrica " : $C./cm^3$
ε =Permittività dielettrica " : Farad/m
μ = " magnetica " : Henry/m
γ = Conducibilità elettrica :1/Ohm.m
$\tilde{a}$ = Vettore generico di punto :.............
$\tilde{r}$ = Vettore assiale propagazionale :.............
$\underline{r}$ = Versore o vettore di direzione unitario ....
φ = Funzione scalare elettrica di punto :P(x,yz)
rot≡ $\nabla\times$ =Operatore vettoriale " " :P(x,y,z)
grad≡∇ : muta funzione scalare in vettore ....
div ≡ $\nabla\cdot$: " un vettore in uno scalare ....
$\underline{J}i$ = Corrente impressa : A/sec
$\underline{J}$ = Flusso di corrente libera : A/sec
$\underline{F}$ =**Potenziale** vettore magnetico di **Fitzgerald**: V/m
$\underline{\Pi}$ = **Potenziale** vettore elettrico di **Hertz** : V/m
$\underline{A}$ =**Potenziale magneto-elettrico Lorentz**:Web/m

[II] Equazioni assiomatiche fondamentali

Circolazione : $\int_C \underline{H}\cdot d\underline{c} = \int_S (\underline{J}+\frac{\partial \underline{D}}{\partial t})\cdot d\,S$ [I] Equazioni di **Maxwell** nel vuoto $\{\varepsilon_0,\mu_0,\gamma_0\}$ definite, [I]e[II] $\nabla\times\underline{E}=-\frac{\partial \underline{B}}{\partial t}$ [II], $\nabla\times\underline{H}=-\underline{J}+\frac{\partial \underline{D}}{\partial t}$ [III] definite nel vuoto.

Nei mezzi materiali$\{\varepsilon,\mu,\gamma\}$: $\nabla\times\underline{E}=-\mu\frac{\partial \underline{B}}{\partial t}$ [IV],elettrica $\nabla\times\underline{H}=-\underline{J}i+\varepsilon\frac{\partial \underline{E}}{\partial t}+\gamma\underline{E}$ [V] magnetica.Equazione d'Alembert con $\tilde{a}\equiv\{\underline{E},\underline{H}\}$: $\nabla^2\tilde{a}-\mu\varepsilon\frac{\partial^2\tilde{a}}{\partial t^2}$ [VI]

Equazione delle onde **:** Dal sistema [III],[IV] usando gli operatori rot=$\nabla\times$ e $\frac{\partial}{\partial t}$ **Helmholtz** giunge alla unificazione del sistema mediante : $\nabla\times\nabla\times\underline{H}+\mu\varepsilon\frac{\partial^2\underline{H}}{\partial t^2}+\mu\gamma\frac{\partial\underline{H}}{\partial t}=\nabla\times\underline{J}i$ [VII] che rappresenta la funzione d'onda vettoriale in funzione di $\underline{J}i$

(equazione dif. alle derivate parziali del terzo ordine dello spazio-tempo)

Per la soluzione della [VI] sono a disposizione tre funzioni arbitrarie da cui: **Scelta di Coulomb** :$\underline{E}=\nabla\varphi$. **Poisson** : $\nabla^2=-\frac{\rho}{\varepsilon}$ .Scelta di **Lorentz** : con una soluzione scalare e non omogenea di **Helmhotz** : $\nabla^2\varphi-\sigma^2\varphi=-\frac{\rho}{\varepsilon}=\frac{\nabla\cdot\underline{J}i}{j\omega\,\varepsilon_c}$ [VIII] ,da cui il legame con il poteziale di Lorentz definito : $\nabla\cdot\underline{A}=-j\omega\mu\varepsilon_c\varphi$ [IX]

THE THEOREMS OFAXIOMATIC Tav-150B

[I] A summary of the quantities mnemonic

$\underline{E}$ = Intensity of the electric field . Unit : V / m
$\underline{H}$ = " " " magnetico. " : A/m
$\frac{dD}{dt}$ =Displacement current " : A / sec .
$\tilde{\rho}$ = Density of electric charge " : C./cm3
ε =Dielectric permittivity " : Farad / m
μ=Magnetic " " : Henry / mg
γ = Electrical conductivity " : 1/Ohm.m
$\tilde{a}$ = Vector generic point " : ....
$\tilde{r}$ = Axial vector propagazionale " : ....
$\underline{r}$ = UnitVector or direction unitary " : ....
φ = Scalar function electric of point " : P(x,yz)
rot≡ $\nabla\times$ =Operator vector " " " : P (x,y,z)
grad≡∇ : wetsuit scalar function vector ....
div≡ $\nabla\cdot$: " a vector in to a scalar ....
$\underline{J}i$ = Current impressed : A-/ sec
$\underline{J}$ = free stream flow : A / sec
$\underline{F}$ = **magnetic vector potential of Fitzgerald** : V / m
$\underline{\Pi}$ = **electric Hertz vector potential** : V / m
$\underline{A}$ = **Potential magneto-electric Lorentz** : Web / m

[II] Circulation axiomatic fundamental equations

$\int_C \underline{H}\cdot d\underline{c} = \int_S (\underline{J}+\frac{\partial \underline{D}}{\partial t})\cdot d\,S$ [I]. **Maxwell's** equations in vacuum$\{\varepsilon_0,\mu_0,\gamma_0\}$defined : $\nabla\times\underline{E}=-\frac{\partial \underline{B}}{\partial t}$ [II], $\nabla\times\underline{H}=-\underline{J}+\frac{\partial \underline{D}}{\partial t}$ [III] What material resources $\{\varepsilon,\mu,\gamma\}$: $\nabla\times\underline{E}=-\mu\frac{\partial \underline{B}}{\partial t}$ [IV], electric $\nabla\times\underline{H}=-\underline{J}i+\varepsilon\frac{\partial \underline{E}}{\partial t}+\gamma\underline{E}$ [V] magnetic . D'Alembert equation with $\tilde{a}\equiv\{\underline{E},\underline{H}\}$: $\nabla^2\tilde{a}-\mu\varepsilon\frac{\partial^2\tilde{a}}{\partial t^2}$ [VI]

Wave equation : From the system [III], [IV] using and **Helmholtz** operators rot to unify to the system through : $\nabla\times\nabla\times\underline{H}+\mu\varepsilon\frac{\partial^2\underline{H}}{\partial t^2}+\mu\gamma\frac{\partial\underline{H}}{\partial t}=\nabla\times\underline{J}i$ [VII] that represents the wave function of the vector function $\underline{J}i$ **(equation differerenzial at partial derivatives of the third order of space-time**) To the solution of [VII] are three arbitrary functions from including: **Choice of Coulomb** : $\underline{E}=\nabla\varphi=\varphi$. Poisson :$\nabla^2=-\frac{\rho}{\varepsilon}$. **Choosing Lorentz :** with a solution and not scalar homogeneous **Helmholtz** : $\nabla^2\varphi-\sigma^2\varphi=-\frac{\rho}{\varepsilon}=\frac{\nabla\cdot\underline{J}i}{j\omega\,\varepsilon_c}$ [VIII] ,, from which the link : Potenzial of Lorentz defined $\nabla\cdot\underline{A}=-j\omega\mu\varepsilon_c\varphi$ [IX]

C.A. COULOMB 1736-1806 HELMHOLTZ 1821-1894

APPENDICE B

PROFILO DELLA ASSIOMATICA

[I] Simbologia algoritmica delle grandezze

1-Funzione generalizzata vettoriale di punto della densità della corrente di spostamento: $\frac{dD}{dt}$ ≡dimensionalmente omogenea alla densità di corrente di conduzione e convezione J in assenza di cariche elettriche in moto,definita ,Fig20-Te28 , dalla relazione di circuitazione su una linea l chiusa e continua,tracciata su una superficieregolare **S** : $\int_l H \cdot dT = \int_S (J + \frac{\partial D}{\partial t}) \cdot dS$ (1)con{H ,D} Rispettivamente campo magnetico H eD induzione elettrica

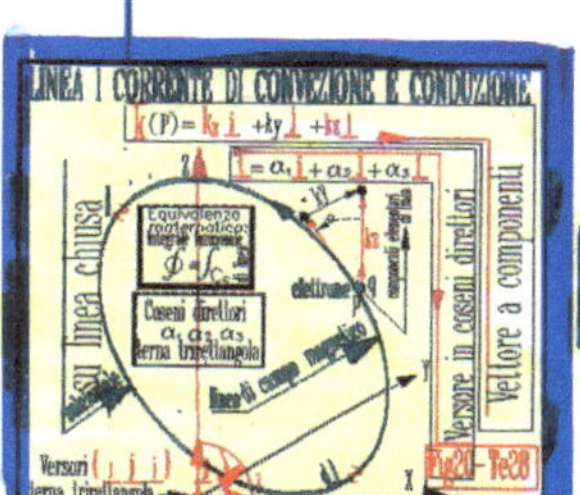

Supposti alternati ed in particolare di andamento sinusoidale specifico della circolario del vettore della corrente impressa J i .La D esprime la **densità di corrente funzione del tempo**

Alle equazioni di **Maxwell** (pg-150-T) e nella (1)i vettori sonoin quanto funzioni del tempo del tipo sinusoidale: $\tilde{e}(t) = Em \sin(\omega t + \phi)$ (2). La ω, detta pulsazione del segnale di frequenza $f = \frac{2\pi}{\omega}$ (a) con ϕ la fase definita dalla (2) per t=0.

[II] Assioma fondamentale

Si tratta dell'assioma della continuità ,cioè il legame fra la corrente di conduzione o convezione , definita: $\nabla \cdot J i = -\frac{\partial \rho}{\partial t} \equiv \nabla \cdot J i$ (3) equivalente.Riportiamo qui sotto gli spettri associati alla lunghezza d'onda in nm dalla $\lambda = c/f$ (4) (1nm=10^{-9}m)

APPENDIX B

PROFILE OF AXIOMATIC

[I] Symbology algorithmic sizes

1 - Function generalized vector of the point of the density of the displacement current : $\frac{dD}{dt}$ ≡ dimensionally homogeneous at the current density of conduction and convection J in the absence of electric charges in motion , defined , Fig20 - Te28 , the report of the closed circuit on a line **l** and continuous tracking on a superficieregolare **S**: $\int_l H \cdot dT = \int_S (J + \frac{\partial D}{\partial t}) \cdot dS$ (1) with {H ,D}

Respectively field magnetic H and electric induction D

We hypothesized that alternating and in particular of sinusoidal specific of the circulatory carrier of the J i impressed current . D expresses the current **density function of time**

To Maxwell's equations (pg -150- T) and in the (1) carriers are is as functions of time of the sinusoidal type : $\tilde{e}(t) = Em \sin(\omega t + \phi)$ (2) . The ω , said pulse signal of frequecy: $f = \frac{2\pi}{\omega}$ (a) f is the phase defined by (2) for t = 0 .

[II] Fundamental rule

is the as axiom of continuity, ie the link between the current conduction or convection defined : $\nabla \cdot J i = -\frac{\partial \rho}{\partial t} \equiv \nabla \cdot J i$ (3) equivalente. To bring hook below the spectra associated to the wavelength in nm from $l = c/f$ (4) (1nm = 10 -9m)

Tsp	lunghezza λ	Luminosità L	Elementi	Costellazione	Colore	temperatura	Radiazione
O	420-500	classe I	H-He-Si	Orione 08 λ	blu	50.000-30.000	assorbita
B	455-400	" I(Balmer)	He	" ξ	azzurra	30.000-12.000	"
A	403-391	" I "	$1H^1$	Dragone α	bianco	12.000-9000	Emessa
F	408-423	Banda G	Sr	Scorpione θ	violetto	7.000	"
G	422.432	" CN	H-He	Auriga α	Sole	5.500	"
K	423-445	" CN	CaII	Bootis α	rosso	4.500	"
M	421-422	" MD	Ca I	Scorpione α	rosso	3.000	"
	in nm(10^{-9}m)	in watt m-2	atomi				In lumen

Questa tabulazione è stata un pò addomesticata a fini di semplificazone dato il contenuto sintetico del testo. Comnque basti pensare che Pichering,direttore dell'osservatorio di Yerkes ne ha registrate ben 110.000, contratte bolometricamente all'I.R >800 nm ed estese all'UV <400 nm e quindi di frequenze rispettiva all'incirca sotto i 10^{13} Hz e sopra i 10^{15} Hz. Passiamo ora ad un cenno dei segnali AUDIO-TV .

CONVENZIONI SIMBOLOGICHE SUI CAMPI

La rete di **Fig.10** ci aiuterà a fissare le idee in riferimento alle grandezze fisiche matematiche che vi compaiono

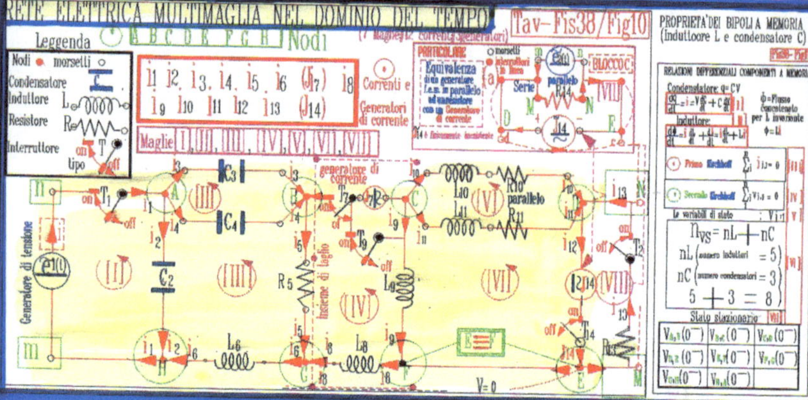

dei campi elettromagnetici in gioco. Si tratta dei prodotti dai componenti R-C-L che supporremo lineari ,cioè con la caratteristica di potenza p=VI costante, e ideali , cioè non dissipativi di energia per i componenti a memoria come il C(condensatore)e L(induttore) .Il resistore ha solo funzioni disssipative della energia di polarizzazione fornita dai generatori f.e.m. $\tilde{e}(t)=E_m \sin(\omega t+\phi)$ (1) o generatore J_i

[II] I campi simbolici della assiomatica (premesse le proprietà indicate nella nicchia)Proprietà dei bipoli a memoria" aggiungeremo gli operatori matematici usati nel contesto della logica assiomatica(non fisicamente dimostrabile ma deduttivamente giustificabile) Si definisce:

$\#\rightarrow \nabla f(x,y,z)\equiv\nabla f\equiv \frac{\partial f}{\partial x}\underline{i}+\frac{\partial f}{\partial y}\underline{j}+\frac{\partial f}{\partial z}\underline{k}$ (2),dove ∇f è detto il gradiente della funzione f(x,y,z)scalare regolare in tutto il suo dominio $\mathfrak{D}$ dello spazio.I simboli: $\{\underline{i},\underline{j},\underline{k}\}$ (a2) prendono il nome di versori ,cioè vettori di modulo 1 dato che,per definizione è: $|\underline{i}|=|\underline{j}|=|\underline{k}|=1$ (b2) .∇f trasforma in ogni punto $P\in\mathfrak{D}$ una f in c.c.o.,o polari r.θ.ϕ ,in un vettore

$\#\rightarrow \nabla\cdot\nabla\times\tilde{\underline{a}}=0$ (3),detta identità vettoriale perchè il rotore di un qualunque vettore è un vettore o rotore di divergenza identicamente nulla in ogni punto $P\in\mathfrak{D}$ in cui risulta regolare. Questo teorema è fondamentale poichè tutti i vettori in gioco nella rete di Fig10, nei nodi[III] e maglie[IV] dei generatori di tensione e corrente e dei componenti a memoria C ed L . Per conseguenza sarà :

$\#\rightarrow \nabla\cdot\{\underline{E},\underline{H};\ \underline{B},\underline{D};\underline{B},\frac{\partial \underline{B}}{\partial t},\frac{\partial \underline{D}}{\partial t}\}=0$ (4) sono i vettori

$\#\rightarrow \nabla\times\{\underline{E},\underline{H}\}\neq 0$ (5) dette dei rotori incogniti che compaiono nelle equazioni di Maxwell:

$\nabla\times\underline{E}=-\frac{\partial \underline{B}}{\partial t}$ (6) , $\nabla\times\underline{H}=\underline{J}+\frac{\partial \underline{D}}{\partial t}+\underline{J_i}$ (7) Come si può costatare, esclusa la corrente di circolazione J_i impressa , tutti gli altri vettori,idendificabili **Fig10**,sono incogniti

Tav-150D

SIMBOL CONVENTIONS ON THE FIELDS

pg-150a

The network of **Fig.10**ci help fix ideas in reference to the physical quantities that appear mathematical electromagnetic fields in the game. On that are produced by the components R-C-L that assume linear , that is, with the characteristic of constant power P = VI , and ideals, ie not dissipative energy for the components in memory C (capacitor), L (inductor) . The resistor has only disssipative functions of the polarization energy provided by generators e.m.f . is:

$\tilde{e}(t)=E_m \sin(\omega t+\phi)$ (1) or generator

[II] Symbolic fields of axioms

(premises the properties displayed in the niche)

Properties of dipoles in memory " add mathematical operators used in the context of axiomatic logic (not physically dem- trabile but deductively justifiable) is defined as :

$\#\rightarrow \nabla f(x,y,z)\equiv\nabla f\equiv \frac{\partial f}{\partial x}\underline{i}+\frac{\partial f}{\partial y}\underline{j}+\frac{\partial f}{\partial z}\underline{k}$ (2) , where∇f

is called the gradient of the function f(x,y,z)scalar adjustment throughout the its domain $\mathfrak{D}$ of spazio.I symbols : $\{\underline{i},\underline{j},\underline{k}\}$ (a2) from the appli gift the name of the unit vectors , ie, vectors of the form1,since definition is: $|\underline{i}|=|\underline{j}|=|\underline{k}|=1$ (b2) . ∇f transforms at each point f in a $P\in\mathfrak{D}$ in c.c.o or polar r.θ.ϕ , in a vector

$\#\rightarrow \nabla\cdot\nabla\times\tilde{\underline{a}}=0$ (3), said identity vector whi the rotor of any vector is a vector or rotor of divergence identically zero at every point in which $P\in\mathfrak{D}$ is regular .

This theorem is crucial because all the carriers involved in the network of **fig10** ,of nodes **[III]** and meshes **[IV]** of the voltage and current generators and components in C and L memory . Consequently it will be

$\#\rightarrow \nabla\cdot\{\underline{E},\underline{H};\ \underline{B},\underline{D};\underline{B},\frac{\partial \underline{B}}{\partial t},\frac{\partial \underline{D}}{\partial t}\}=0$ (4)

are the vectors

$\#\rightarrow \nabla\times\{\underline{E},\underline{H}\}\neq 0$ (5) of said rotor unknowns that appear in Maxwell's equations :

$\nabla\times\underline{E}=-\frac{\partial \underline{B}}{\partial t}$ (6) , $\nabla\times\underline{H}=\underline{J}+\frac{\partial \underline{D}}{\partial t}+\underline{J_i}$ (7)

As you can notice , except the current circulating J_i printed to known all other carriers of fig10 are **unknown**

[I] La massa virtuale dell'amplificatore

La Fig23-FIS40 precedente come abbiamo visto l'amplificatore ideale ad con l'ingresso non invertente(+) collegato a massa . Questa è la configurazionefondamen- tale nel quale un singolo transistore viene sostituito dall'amplificatore operazionale a più stadi, Fig1-pg-148 nel quale le resitenze sono ora sostituite da impedenze .

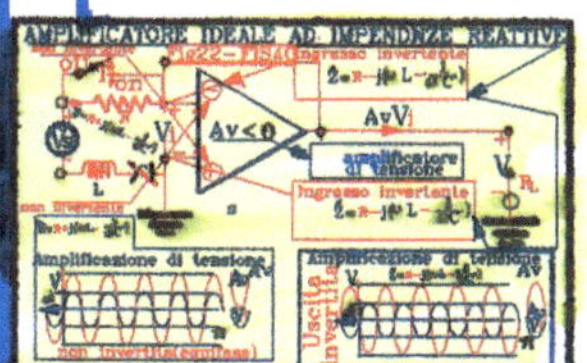

[II] Definizione del guadagno

Il guadagno in tensione con reazione risulta: $A_{vf}=-\frac{Z}{Z}$ (1) .Dall'amplificatore di Fig22 si può ottenere una alternativa dato che Ri tende a crescere(Ri→ ∞) per cui la corrente I scorre sia su Z che Ż ,Fig23.. Inoltre si può costatare che $V_i=V_o/A_v \to 0$ (2) in quanto $|A_v| \to \infty$ Quindi i due morsetti sono effettivamente alla stessa tensione per cui si può scrivere la equazione fondamentale dell'amplificatore:

$$A_{vf}=-\frac{Z}{Z}=\frac{V_o}{V_s}=-\frac{IZ}{IZ} \quad (3)$$

[III] Amplificatore di tensione (transistor)

Nella Fig22-FIS40 è rappresentqato un circuito per una coppia di impedenze che giustifica la (3). Infatti manipolando l'interruttore T si ha un ingresso risonantc.

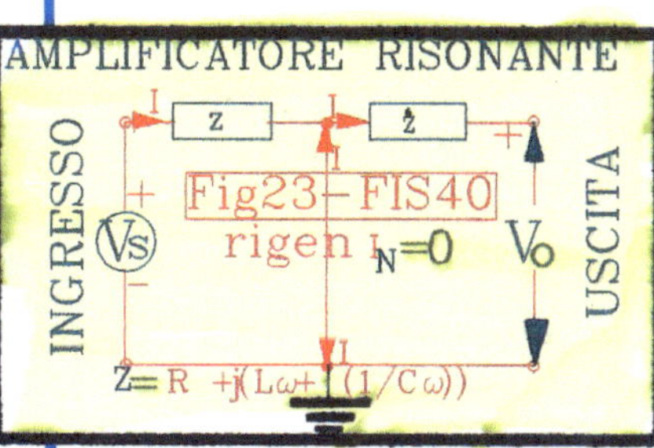

Questo dispositivo ad amplificatore di tensione è ideale nel senso che se si esclude R si ottiene la tensione di uscita modultata in fase e in ampiezza. Le impedenze sono di resistenza dissipativa della energia di ingresso molto piccola per cui praticamente il sistema funzione in condizioni di risonanza .

[I] The virtual ground of the amplifier

The Fig23 - FIS40 as we have seen earlier the ideal amp to the non-inverting input (+) connected to ground. This is the configurazionefondamen -tale in which a single transistor is replaced by the operational multi-stage , Fig1 -pg -148 in which the resistors are now replaced by impedances .

[II] The definition of the gain

The gain in voltage with reaction is :

$A_{vf}=-\frac{Z}{Z}$ (1) . Amplifier of Fig22 you can get an alternative since it tends to grow Ri (Ri→ ∞ Ri) for which the current I is flowing on Z and Ż ,Fig23.

Also you can see that Fig23 $V_i=V_o/A_v \to 0$ (2) as $|A_v| \to \infty$

So the two terminals are actually the same voltage so you can write the fundamental equation of the amplifier :

$$A_{vf}=-\frac{Z}{Z}=\frac{V_o}{V_s}=-\frac{IZ}{IZ} \quad (3)$$

[III] voltage amplifier (transistor)

In Fig22 - FIS40 is a rappresent circuit for a couple of impedances that justifies (3). In fact to worck you have a T switch input resonant.

This device to voltage amplifier is ideal in the sense that if one excludes R is obtained by the output voltage modultata in phase and in amplitude . The impedances are dissipative resistance of the very small energy input to the system which pretty much function in resonance conditions .

Jay Wright Forrester, ingegnere, U.S.A.realizzò un dispositivo elettromagnetico, noto come valvola termoionica.In breve volgere di tempo, la industria elettronica produsse le valvole triodiche,tetrodiche, pentodiche....... , Nella Fig15-Te17 è rappresentato il tetrodo a

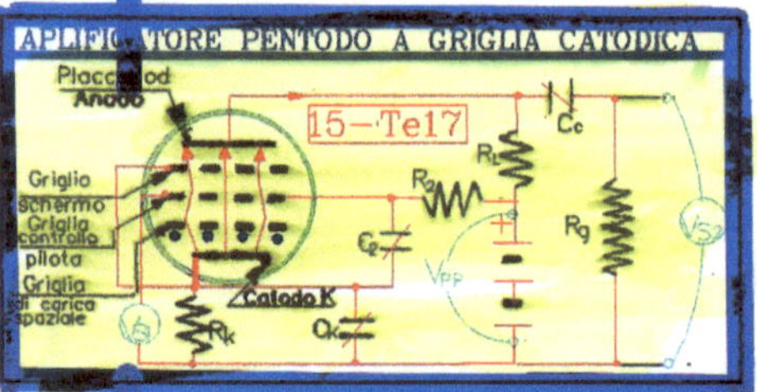

griglia alimentato dal potenziale Vs Questo induce un segnale in frequenza per gli elettroni emessi dal catodo urtando la griglia (simula un cristallo diffrangente i segnali alle varie frequenze secndo intensità) regolata dalla batteria Vpp in ampiezza. Il condensatore variabile C_c ha la funzione di selezionare le varie frequenze audio e video per la TV ed altre applicazioni tecnologiche . In sintesi possiamo precisare:

[I] La corrente spaziale . Che lega la corrente spaziale alla tensione corrispondente:

$$I_{sp}=I_a+I_{gs}=k[V_g+\frac{V_{gs}}{\mu_{gs}}=\frac{V_2}{\mu_2}]^{3/2} \quad (1)$$

nella quale: I_{gs}=(corrente griglia-schermo)#Vgs=(potenziale relativo)

Il coefficiente di amplificazione è dato dalla permittività magnetica della griglia-schermo:

$$\mu_{gs}=-(\frac{dV_{gs}}{dV_s})(I_a+I_{gs})=k(I_a+I_{gs})=Cost. \quad (2).$$

Si deduce che il potenziale anodico è trascurabile sulla corrente spaziale I_{gs} , causa dell'effet-fetto ritardante della barriera griglia-schermo.

[II] Caratteristiche principali Il coefficiente di amplificazione (2) griglia-schermo(mostra la ininfluenza dell'effetto potenziale anodico in quanto dipendente dalla variazione della tensione Vgs rispetto al segnale Vs ....

[III] Sistemi CCD a blocchi di funzioni

La Fig di Mod-68 allo scopo di sintetizzate il complessi funzionali dei circuiti riassume le funzioni del modello ACS astrofisico

Jay Wright Forrester, engineer, U.S.A.r to realize an electromagnetic device, known as valve (to anunce as as thermionic valve). In the short span of time, the electronics industry produced valves triodiche, tetrodiche, pentodiche.......

In Fig15-TE17 shows the tetrode grid fed by the potential Vs This induces a signal in frequency for the electrons emitted from the cathode bumping grid (simulates at cristal diffracting the signals at various frequencies this intensity) adjusted by the battery in amplitude Vpp.

The variable capacitor C_c has the function to select the various frequencies audio and video for TV and other technological applications. In summary we can state:

[I] The current space.

That links the spatial current corresponding to the voltage:

$$I_{sp}=I_a+I_{gs}=k[V_g+\frac{V_{gs}}{\mu_{gs}}=\frac{V_2}{\mu_2}]^{3/2} \quad (1)$$

in which: Igs = (current-screen grid) Vgs = # (potential relative)

The amplification coefficient is given by magnetic permittivity of the grid-screen:

$$\mu_{gs}=-(\frac{dV_{gs}}{dV_s})(I_a+I_{gs})=k(I_a+I_{gs})=Cost. \quad (2).$$

That suggests that the anodic potential is negligible on the spatial current I_{gs}, because effet-retardant effect of the barrier grid-screen.

[II] Specification principal

The main amplification coefficient (2) grid-screen (shows the irrelevance of the effect potenzialeanodico as dependent on variation-voltage Vgs compared to the signal Vs ....

[III] CCD systems function blocks

The Fig Mod-68 for the purpose of the synthesized complex functional circuits summarizes the functions of the ACS Models astrofisic

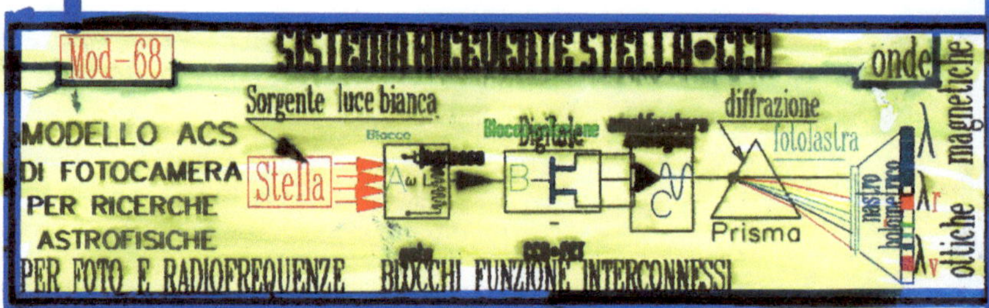

QUADRO SINOTTICO DELLA ASSIOMATICA DEI CAPMI ELETTROMAGNETICI

[1]-$\int_l \underline{H}\cdot d\underline{l} = \int_S (\underline{J} + \frac{\partial B}{\partial t})\cdot d\underline{s}$,campo-correnti di spostamento

[2]- Eq. di **Maxwell**: $\nabla\times\underline{E} = -\frac{\partial B}{\partial t}$ (1) , $\nabla\times\underline{H} = \underline{J} + \frac{\partial D}{\partial t}$ (2)

[3] -Vettori complessi: $\tilde{a} = \mathrm{Re}(\overline{a}\cdot e^{j\omega t})$ di **Steinmetz**

[4] -Trasformate ~(1),(2): $\nabla\times\underline{E} = -j\omega B$ (1') , $\nabla\times\underline{H} = \underline{J} + j\omega D$ (2')

[5]-Eq. di continuità: $\nabla\cdot\underline{J} = -\frac{\partial\rho}{\partial t}$,Complex: $\nabla\cdot\underline{J} = -j\omega\,\rho$ (3)

[6]-Leggi di legame: $\underline{D} = \varepsilon\underline{E}$ (4), $\underline{J} = \gamma\underline{E}$ (5), $\underline{B} = \mu\underline{H}$ (6) ,t(var.)

[7] -Mezzi invarianti (**Stokes**) :(ε,γ.μ =t=Cost.) (7)

[8]-Corrente tot.: $\underline{J}_t = \underline{J} + \frac{\partial D}{\partial t}$ (6),comp.sin.le: $J_t = J + j\omega D$ (8)

[9]-**Cor.te in un mezzo isotropo**: $J_t = (\gamma + j\omega\varepsilon)\,E$ (9)

[10]- La permittività complessa: $\varepsilon_c = \varepsilon + j(\gamma/\omega)$ (10)

[11] -La cor.totale: $J_t = j\omega\varepsilon_c E$ (11) usata per $\gamma \geq 0$

[12]-Permittività complessa : $\varepsilon_c = (\varepsilon' - j\varepsilon'')\varepsilon_c$ (12)

[13]- In mezzi lineari isotropi: $\{\ddot{\varepsilon}, \ddot{\gamma}, \ddot{\mu}\}$ (13)

[14]-Induzione: $\dot{J} = \ddot{\gamma}\cdot\dot{E}$(14), $\dot{D} = \ddot{\varepsilon}\cdot\dot{E}$ (15), $\dot{B} = \ddot{\mu}\cdot\dot{E}$(16)

Sistema completo di Maxwell.Riferimento di base :

[15]-Sistema: $\nabla\times\underline{E} = -\frac{\partial B}{\partial t}$ (I) , $\nabla\times\underline{H} = \underline{J} + \frac{\partial D}{\partial t} + \underline{J}_i$ (II)

[16]-Divergenza correnti : $\nabla\cdot(\underline{J} + \underline{J}_i) = -\frac{\partial\tilde{\rho}}{\partial t}$ (17)

[16]- LE EQUAZIONI DELLE DIVERGENZE

[17]- IDENTITÀ VETTORIALE : $\nabla\cdot\nabla\times\underline{\tilde{a}} = 0$ (18)

[18] - Dalla[I]per la (17) è : $\nabla\cdot(\frac{\partial B}{\partial t}) = 0$ (19)

[19]-Notazione complessa sinusoidale: $\nabla\cdot\dot{B} = 0$ (20)

[20]- La (6) si ha : $\nabla\cdot(\mu\underline{H}) = 0$ (21) se μ=Cost.

[21]-Per la(18)applicata alla(17)si ha : $\nabla\cdot\underline{D} = \tilde{\rho}'$(22)

[22]-La (22)in notazione complessa è: $\nabla\cdot\dot{D} = \dot{\rho}'$(23)

[23]-Mezzi lineari,omogenei,isotropi: $\nabla\cdot\dot{E} = \frac{\rho}{\varepsilon}$(24)

[24]-Per la(10)la $\nabla\times\underline{H} = \underline{J} + \frac{\partial D}{\partial t} + \underline{J}_i$ pure : $\nabla\times\underline{H} = \underline{J} + j\omega\varepsilon_c E$ (25)

[25]-Per un mezzo omogeneo sarà: $\nabla\cdot\dot{E} = -\frac{\nabla\cdot J_i}{j\omega\varepsilon_c}$ (26)

[26]-La divergenza per $\underline{J}_i$ si ha : $\nabla\cdot\underline{J}_i = -j\omega\rho\frac{\varepsilon_c}{\varepsilon}$ (27)

LE ONDE ELETTROMAGNETICHE NEL DOMINIO DEL TEMPO

[27]-In mezzo invariante nel tempo lineare isotropo :

$\nabla\times\underline{E} = -\mu\frac{\partial B}{\partial t}$ (III) ; $\nabla\times\underline{H} = \underline{J}_i + \varepsilon\frac{\partial E}{\partial t} + \gamma\underline{E} + \underline{J}_i$ (IV)

[28]-Moltilicata(IV)per l'operatore:rot=∇× si trova:

$$\nabla\times\nabla\times\nabla\times\underline{H} + \mu\varepsilon\frac{\partial^2 H}{\partial\tau^2} + \mu\gamma\frac{\partial^2 H}{\partial\tau^2} = \nabla\times\underline{J}_i \quad (V)$$

AXIOMATIC APPLICATION CHART OF THE ELECTROMAGNETIC FIELD

[1]-$\int_l \underline{H}\cdot d\underline{l} = \int_S (\underline{J} + \frac{\partial B}{\partial t})\cdot d\underline{s}$, displacement currents

[2] - Eq . **Maxwell** : $\nabla\times\underline{E} = -\frac{\partial B}{\partial t}$ (1) , $\nabla\times\underline{H} = \underline{J} + \frac{\partial D}{\partial t}$ (2)

[3] - complex Vectors : $\tilde{a} = \mathrm{Re}(\overline{a}\cdot e^{j\omega t})$ of **Steinmetz**

[4] -Transform~(1),(2): $\nabla\times\underline{E} = -j\omega B$ (1') , $\nabla\times\underline{H} = \underline{J} + j\omega D$ (2 ')

[5] -Eq. of continuity $\nabla\cdot\underline{J} = -\frac{\partial\rho}{\partial t}$, Complex : $\nabla\cdot\underline{J} = -j\omega\,\rho$ (3)

[6] -Read - binding : (4) , (5) , (6), t (var.)

[7] -Means invariants (**Stokes**): (ε,γ.μ =t=Cost.) (7)

[8] -Current total. : $\underline{J}_t = \underline{J} + \frac{\partial D}{\partial t}$ **(6) comp.sinusidal** : $J_t = J + j\omega D$ **(8)**

[9] -**Courent in a medium isostrop** : $J_t = (\gamma + j\omega\varepsilon)\,E$ (9)

[10] -The complex permittivity: $\varepsilon_c = \varepsilon + j(\gamma/\omega)$ (10)

[11] -The cour.total : $J_t = j\omega\varepsilon_c E$ (11) , used for $\gamma \geq 0$

[12] - Complex permittivity: $\varepsilon_c = (\varepsilon' - j\varepsilon'')\varepsilon_c$ (12)

[13] - In linear isotropic media : $\{\ddot{\varepsilon}, \ddot{\gamma}, \ddot{\mu}\}$ (13)

[14]-**Induction** : $\dot{J} = \ddot{\gamma}\cdot\dot{E}$(14), $\dot{D} = \ddot{\varepsilon}\cdot\dot{E}$ (15), $\dot{B} = \ddot{\mu}\cdot\dot{E}$(16)

Complete system of base Maxwell reference

[15]- System: $\nabla\times\underline{E} = -\frac{\partial B}{\partial t}$ (I) , $\nabla\times\underline{H} = \underline{J} + \frac{\partial D}{\partial t} + \underline{J}_i$ (II)

[16] -Divergence current: $\nabla\cdot(\underline{J} + \underline{J}_i) = -\frac{\partial\tilde{\rho}}{\partial t}$ (17)

[16] - THE EQUATION OF DIVERGENCE

[17] -**VECTORIAL IDENTITY**: $\nabla\cdot\nabla\times\underline{\tilde{a}} = 0$ (18)

[18] - From the [I] for (17) is : $\nabla\cdot(\frac{\partial B}{\partial t}) = 0$ (19)

[19] - sinusoidal complex notation : $\nabla\cdot\dot{B} = 0$ (20)

[20]-The(6)we have: $\nabla\cdot(\mu\underline{H}) = 0$ (21) where μ=Const

[21]-By (18) applied to (17) we have: $\nabla\cdot\underline{D} = \tilde{\rho}'$((22)

[22]-La (22) in complex notation is: $\nabla\cdot\dot{D} = \dot{\rho}'$(23)

[23]-Means linear,homogenous,isotropic: $\nabla\cdot\dot{E} = \frac{\rho}{\varepsilon}$ (24)

[24]-For (10)the: $\nabla\times\underline{H} = \underline{J} + \frac{\partial D}{\partial t} + \underline{J}_i$,also : $\nabla\times\underline{H} = \underline{J} + j\omega\varepsilon_c E$ (25)

[25]-For a homogeneous medium will: $\nabla\cdot\dot{E} = -\frac{\nabla\cdot J_i}{j\omega\varepsilon_c}$ (26)

[26] -The divergence we have: $\nabla\cdot\dot{E} = -\frac{\nabla\cdot J_i}{j\omega\varepsilon_c}$ (27)

THE ELECTROMAGNETIC WAVES IN TIME DOMAIN

[27] - In the midst of linear time-invariant isotropic :

$\nabla\times\underline{E} = -\mu\frac{\partial B}{\partial t}$ (III) ; $\nabla\times\underline{H} = \underline{J}_i + \varepsilon\frac{\partial E}{\partial t} + \gamma\underline{E} + \underline{J}_i$ (IV)

[28] - Moltilicata (IV) for the operator : rot=∇× , is :

$$\nabla\times\nabla\times\nabla\times\underline{H} + \mu\varepsilon\frac{\partial^2 H}{\partial\tau^2} + \mu\gamma\frac{\partial^2 H}{\partial\tau^2} = \nabla\times\underline{J}_i \quad (V)$$

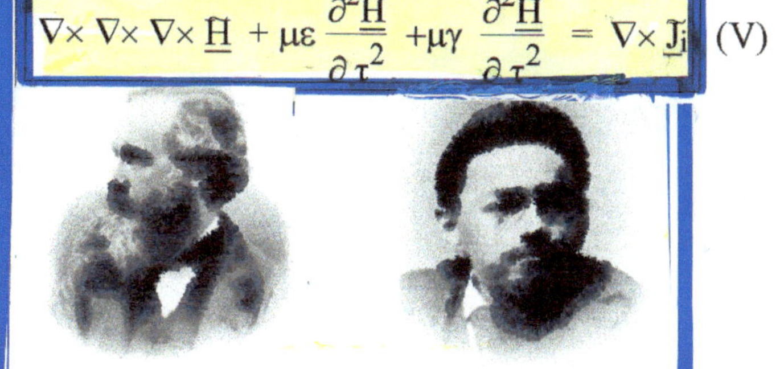

MAXWELL 1831-1879 STEINMETZ 1865-1923

Le espressioni valide per integrali di volume S di superficie σ e di linea s, lemmi di **C.F. Gauss**(1778-1855) **[I]Fig7-Te29** nello spazio della divergenza che vale anche nel campo atomico ma che datala forma compatta sono suffienti le indicazione puntuale dei vettori dei campi elettrromagnetici in corrispondenza: **{E, B }induttivo ↔ {H,D }elettrico** nel quale non sono necessari gli integrali per la compattezza in cui le (1),(2),(3) sono verificate.

$$\int_S \frac{\partial f}{\partial x} dS = \int_\sigma f\alpha\, d\sigma \;(1), \int_S \frac{\partial f}{\partial y} dS = \int_\sigma f\beta\, d\sigma \;(2) = \int_S \frac{\partial f}{\partial z} dS = \int_\sigma f\gamma\, d\sigma \;(3)$$

Poynting indica con $\underline{B}$ il vettore induzione magnetica ed in analogia ai lemmi di **Gauss** può scrivere, assumento coordinate curvilinee q_1,q_2,q_3 rispetto alle quali si ha:

$$\mathrm{div}\underline{B} = \frac{1}{H_1 H_2 H_3}\left[\frac{\partial}{\partial q_1}(H_2 H_3 B_1) + \frac{\partial}{\partial q_2}(H_1 H_3 B_2) + \frac{\partial}{\partial q_3}(H_1 H_2 B_3)\right] \quad (4)$$

Per conoscere la divergenza di un vettore occorre sapere il valore delle H_1,H_2,H_3 relativo al sistema di coordinate usato. Per le coordinate cartesiane si ritrova :

$$\int_S \left(\frac{\partial B_x}{\partial x} + \frac{\partial B_y}{\partial y} + \frac{\partial B_z}{\partial z}\right) dS = \int_\sigma (B_x \cdot \alpha + B_y \cdot \beta + B_z \cdot \gamma) d\sigma \quad (5)$$

Questi operatori sono validi per le leggi in ambiente spaziale macroscopico che nel nucleo microscopico di **Fig7** della legge di induzione postulata da **M. Faraday**(1791-1867). Per quanto nel seguito tratteremo delle leggi assiomatiche dei campi elettrodimanici**{E, B }induttivo↔ {H,D}elettrico**

[II] Le equazagioni di J.K.Maxwell (1831-1879 :

$$\nabla\times\underline{E} = -\frac{\partial \underline{B}}{\partial t} \;[1] \quad , \quad \nabla\times\underline{H} = \frac{\partial \underline{H}}{\partial t} + \underline{J} \;[2]$$

dei vettori variabili comunque nellospazio e nel tempo. Allora se si assume che i vettori di dampo siano sinusoidali e di pulsazione w la corrispondenza biunivoca nello spazio di tali vettori nel corpo tridimensioale nel corpo complesso C_3 si configura **Steimetz** : $\mathrm{Re}(\tilde{a}, e^{j\omega t})$ (3) ci consente di considerare le [1] e [2] equivalenti alle equazioni complesse di punto indipendenti dal tempo. Precisamente: $\nabla\times\underline{E} = -j\omega\underline{B}$ [3] , $\nabla\times\underline{H} = j\omega\underline{D} + \underline{J}$ [4]

Nell'uso a seguire sarà utile distingure le diverse situazioni per evitare equivoci su simboli e definizioni

[III] La equazione di continuità Questa lega la densità di carica ρ e di corrente $\underline{J}$ .Nella **Fig-7** ideale dell'atomo di Helio ($_2He^4$) per fissare le idee il carattere puntuale si può scrivere,per la equazione di continuità: $\nabla\cdot\underline{J} = -\frac{\partial\rho}{\partial t}$ (5) e la equivalente in regime sinusiodale: $\nabla\cdot\underline{J} = -j\omega\rho$ (6)

Come preavvertito il carattere assiomatico delle equazioni [1],[2],[3],[4](5),(6) **hanno riscontri sperimentali a sostegno**

IL VETTORE INDUZIONE MAGNETICA DI FARADAY Fig7-Te29

Carl Friedrich Gauss 1778-1855

The expressions are valid for volume integrals to surface S if the line s , lemmas of **CF Gauss** (1778-1855)

[I] Fig7 - Te29 in the space of divergence that is also true in the field of atomic dataHigh compact but are suffienti the precise indication of the vectors of the fields elettrromagnetics in correspondence:: **{E, B }induttive ↔ {H,D }elettric** . The integrals are not necessary for the compactness in which (1) , (2) , (3) are to check .

$$\int_S \frac{\partial f}{\partial x} dS = \int_\sigma f\alpha\, d\sigma \;(1), \int_S \frac{\partial f}{\partial y} dS = \int_\sigma f\beta\, d\sigma \;(2) = \int_S \frac{\partial f}{\partial z} dS = \int_\sigma f\gamma\, d\sigma \;(3)$$

Pointing with $\underline{B}$ and the magnetic induction vector in analogy wich **Gauss** entries can be written assuming curvilinear coordinates q_1,q_2,q_3 is :

$$\mathrm{div}\underline{B} = \frac{1}{H_1 H_2 H_3}\left[\frac{\partial}{\partial q_1}(H_2 H_3 B_1) + \frac{\partial}{\partial q_2}(H_1 H_3 B_2) + \frac{\partial}{\partial q_3}(H_1 H_2 B_3)\right] \quad (4)$$

To know the divergence of a vector need to know the value of H_1, H_2, H_3 relative this coord. system used . For the Cartesian coordinates can be found :

$$\int_S \left(\frac{\partial B_x}{\partial x} + \frac{\partial B_y}{\partial y} + \frac{\partial B_z}{\partial z}\right) dS = \int_\sigma (B_x \cdot \alpha + B_y \cdot \beta + B_z \cdot \gamma) d\sigma \quad (5)$$

These operators are valid for the laws in the space environment in which macroscopic and microscopic nucleus of **Fig7** the law of induction postulated by **M. Faraday** (1791-1867) . As we will discuss in the following axiomatic laws of the fields elettrodimanici**{E, B }inductive ↔ {H,D} , electric** .

[II] The equation of J.K:Maxwell(1831-1879)

$$\nabla\times\underline{E} = -\frac{\partial \underline{B}}{\partial t} \;[1] \quad , \quad \nabla\times\underline{H} = \frac{\partial \underline{H}}{\partial t} + \underline{J} \;[2]$$

however nellospazio carriers variables and time. So if we assume that the vectors dampo are sinusoidal and pulse w correspondence in the space of these vectors in the body in the body tridimensioale complex C_3 is configured **Steimetz** : $\mathrm{Re}(\tilde{a}, e^{j\omega t})$ (3) allows us to consider the [1] and [2] equivalent to the complex equations of a point, independent of time . Precisely : $\nabla\times\underline{E} = -j\omega\underline{B}$ [3] , $\nabla\times\underline{H} = j\omega\underline{D} + \underline{J}$ [4]

in use to follow will be useful discern the different situations in order to avoid misure undersandings about symbols and definitions

[III] the continuity equation . This alloy the charge density of the current king in **Fig-7** ideal atom Helio($_2He^4$)to fix the ideas character punctual we can write,for the continuity equation: $\nabla\cdot\underline{J} = -\frac{\partial\rho}{\partial t}$ (5), sinusiodal : $\nabla\cdot\underline{J} = -j\omega\rho$ (6)the Like called axiomatic of the[1],[2][3],[3],[4],(5),(6) equation **experimental findings are in support**

[III] Carattere della equazione di continuità Per fissare le idee facciamo riferimento alla

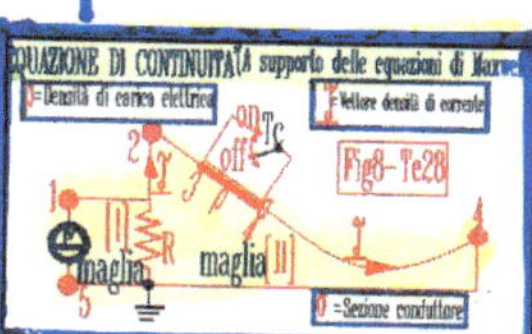

Fig8-Te28 La maglia **[I]** comprende una f.e.m. $\tilde{e}$ in parallelo ad una resistenza **R** che determina la densità o intensità di corrente $\vec{J}$ **corrente con funzioni di generatore di corrente da cui dipende il vettore densità di corrente** $\vec{J}$: $\nabla\cdot\vec{J}=\tilde{e}(t)/R=Em\sin(\omega t)/R$ (1). Abbiamo ottenuto un generatore di corrente fittizio polarizzato dalla f.e.m. che attraversando **R** innesta un ingresso incorrente di linea 1,2,3,,4,5 . Consideriamo ora il filo di sezione costante come mostra il tratto compreso fra i punti 3-4 di sezione σ(costante) e densità di carica ρ.Ricordando che la divergenza del vettore corrente $\vec{J}$ si traduce in scalare e ρ in fluente in tempo reale .Possiamo scrivere : $\nabla\cdot\vec{J}=-\frac{\partial\rho}{\partial t}$ (2) Se poi l'interruttore passa in **on** la sbarretta 3-4 interdice la corrente e quindi $\vec{J}=0$ e $\rho=0$ Nel caso (1) $\vec{J}$ sinusoidale e quindi anche la densità di corrente $\tilde{\rho}$ si ha la forma divergente $\nabla\cdot\vec{J}=-j\omega\rho$ (3) Queste proprietà sono comuni a tutti i vettori di campo delle equazioni di **Maxwell**:$\{\vec{E},\vec{B}\}\leftrightarrow\{\vec{H},\vec{D}\}\leftarrow\vec{J}$ e ρ (4) **[IV] La circolazione del vettore** $\vec{H}$ di campo magnetico Se consideriamo una qualunque linea chiusa l , l'integrale del vettore $\vec{H}$ nello spazio in cui è definito si ha : $\oint_{Cl}\vec{H}\cdot d\vec{l}=\int_S(\vec{J}+\frac{\partial\vec{D}}{\partial t})\cdot d\vec{s}$ (5) La **Fig19-Te28** mostra il vettore di punto del campo $\vec{H}$ lungo la linea chiusa l equivalente al vettore $\vec{D}$ spostamento scalare Con la **densità di corrente elettrica** J ove si supponga che la superficie S, della cuffia di contornoalla linea l sia fissa nel tempo t.La funzione generalizzata $\vec{D}$ è legata alla densità della corrente di spostamento la cui derivata parziale rispetto al tempo è detta spostamento elettrico od induzione magnetica. Si ricordi che per il solo fatto che una carica si sposti di fatto genera un campo magnetico mentre se ferma un campo elettrico. La (5)della circuitazione è di J.M. Ampere(1775-1836) che lega fra loro i fenomeni del campoelettromagnetico presente nelle equazioni di Maxwell[1],[2]pg-152 . Le pregresse grandezze e le equazioni sono valide in tutto lo spazio fisico in cui sono regolari. Ossia derivabili con le loro derivate parziali prime di spazio puntutale P(x,y,z; r,θ,ψ}rettangolare e polare esteso quarta dimensione ,cioè allo scalare tempo reale t o virtuale jωt. Nelle regioni dove la regolarità dei vettori di campo definiti$\{\vec{E},\vec{B}\}\leftrightarrow\{\vec{H},\vec{D}\}\leftrightarrow\{\vec{J},\vec{J}\}$ (c) non è presente intervengono le permittività ε,μ.γ dei mezzi materiali.

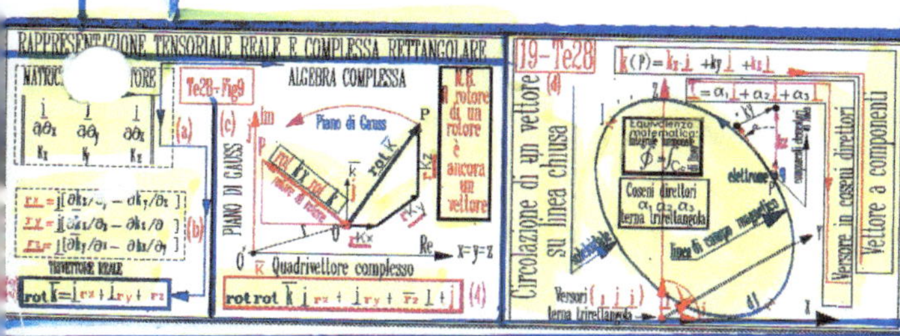

CONTINUITY ' AND TIE MATERIAL pg -153

[III] Character of the continuity equation to fix the ideas we refer to **Fig8 - Te28** The vest **[I]** includes an **e.m.f** in parallel to a resistor **R** that determines the density or intensity of the current with the current $\vec{J}$ **functions of the current generator which depends on the carrier density of the current** $\vec{J}$ **:** $\nabla\cdot\vec{J}=\tilde{e}(t)/R=Em\sin(\omega t)/R$ (1). We got a current fictitious polarized by fem that engages through an input **R** in courent line 1,2,3,4,5 . Consider now the wire of constant cross-section as shown in the section between the points 3-4 of section σ (constant) and charge density ρ. To remember that the divergence of the current vector$\vec{J}$ results in scalar er flowing in real time. We can write : $\nabla\cdot\vec{J}=-\frac{\partial\rho}{\partial t}$ (2) .If the switch then passes **on** the slash 3-4 inhibits the current and therefore = 0 and r = 0 in the case (1) sinusoidal and thus also the current density is in the shape divergent $\nabla\cdot\vec{J}=-j\omega\rho$ (3) These properties are common to all field vectors of **Maxwell's** equations $\{\vec{E},\vec{B}\}\leftrightarrow\{\vec{H},\vec{D}\}\leftarrow\vec{J}$ e ρ (4) .**[IV] The circulation of the** $\vec{H}$ **field** vector .If we consider any closed line l, the integral of the vector $\vec{H}$ in the space in which it is defined , we have: $\oint_{Cl}\vec{H}\cdot d\vec{l}=\int_S(\vec{J}+\frac{\partial\vec{D}}{\partial t})\cdot d\vec{s}$ (5)The **Fig19 - Te28** shows the vector $\vec{H}$ of the point of the field along the closed **line l equivalent** to the displacement vector $\vec{D}$ scalar with the **electric current** J **density** where suppose the surface S , headphone contorno a the **line l** is fixed in time t.The function generates played $\vec{D}$ is linked to the density of the displacement current which the partial derivative with respect to time is called electric displacement or magnetic that a charge moves in fact generates a field while stopped if an electric field eq (5)of the ing is being led by **Ampere** (1775 -1836), which ties together the phenomena of field electricmagnetic present in the equation of **Maxwell [1], [2]** pg-152. the previous variables and equations are valid throughout the physical space in which they are regular . Namelyderivable with their partial derivatives of them raw a space puntual P (x,y,z,r,θ,ψ} rectangular and polar dimension , that is, the scale to real time virtual jωt . in regions of regularity of vector fields $\{\vec{E},\vec{B}\}\leftrightarrow\{\vec{H},\vec{D}\}\leftrightarrow\{\vec{J},\vec{J}\}$ (c) is not present involved and the permittivity ε,μ.γ , this material

Il Carattere delle equazioni di **Maxwell** della assenza di impedenza fra i vettori{$\underline{E}$,$\underline{H}$ } statici ed elettrostatici. Lo studio matematico dei fenomeni elettromagnetici è semplificato nei casi in cui è possibile che i legami materiali sono del tipo lineare .Questo nel senso che le funzioni vettoriali introdotte siano funzioni lineari di altre .Ad es.è noto come il diodo **Esaki possegga lineare il tratto O-P**

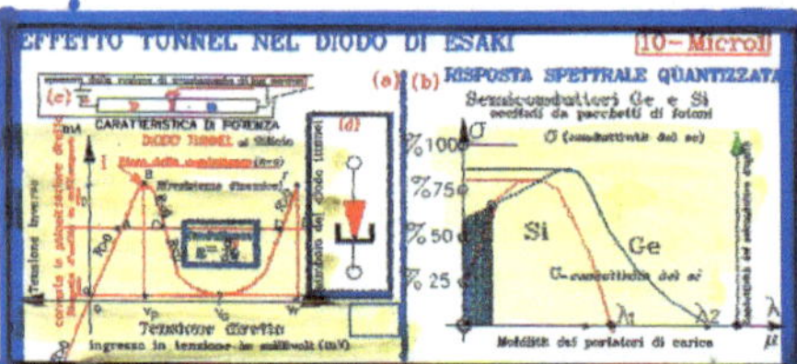

perciò è lineare a tratti . **[I]La restrizione** per i soli mezzi lineari è giustificata dal fatto che la propagazione elettromagnetica ha uno spettro così ampio da coprire tutte le applicazioni di potenza a frequenza industriale ed elettronica .Fra i mezzi lineari sono di maggior interesse quella dei mezzi isotropi nel contesto dell'elettro magnetismo. Il vettore spostamento elettrico $\underline{D}$ ed il vettore corrente di conduzione $\underline{J}$ risultano sempre paralleli al vettore $\underline{E}$ di campo elettrico $\underline{k}$. Ciò vale per il vettore induzione magnetica $\underline{B}$ risula sempre parallelo al vettore magnetico $\underline{H}$ di campo $\underline{h}$. Si usa indicare il legame materiale fra vettori con operatori diadici cioè di modulo unitario(versore). Per concludere per un mezzo lineare ed isotropo valgono i legami fra i vettori del tipo: $\{\underline{D}=\varepsilon.\underline{E}\ (1)\ ,\ \underline{J}=\gamma\underline{E}\ (2),\ \underline{B}=\mu\underline{H}\ (3)\}$ [4] dove i diadici hanno i valori fisici (vedere Apendice XYZ-Tav-II-III):{ε(Farad.m^{-1})permittività dielettrica, γ(Ohm^{-1} m^{-1}) conducibilità, μ(Henry m^{-1}) permittività magnetica }[5]

[II]Mezzi invarianti rispetto al tempo .Allora ε e μ sono delle costanti. Quindi nel caso sinusoidale si ha la corrispondenza biunivoca con lo spazio dei vettori complessi per cui si scrive: $\{\underline{\dot{D}}=\varepsilon\underline{\dot{E}}\ (4)\ ,\ \underline{\dot{J}}=\gamma\underline{\dot{E}}\ (5)\ ,\ \underline{\dot{B}}=\mu\underline{\dot{H}}\ (6)\}$[6] Il ritorno delle[6]alle [4] è lecito solo se {ε,γ,μ} (b)sono delle **costanti rispetto alla pulsazione** ω . Dato che è comodo servirsi [6] come definizione delle (b) anche nei mezzi,che sono la quasi totalità,in cui i parametri (b) sono funzioni di ω ,nelle [4] ciscuno dei secondi membri va sostituito con un integrale di convoluzione fra le antitrasformate di **Fourier** delle grandezze a secondo membro in corrispondenza fra le [6] e [4] nche nel caso,**Fig4-am1**, di discontinuità . In questo caso è sottinteso che il secondo membro delle [4] e[6] va sostituito da un **integrale di convoluzione fra le trasformate di Fourier**

FUNZIONI PERIODICHE DI PERIODO
am1-4
F(t)
Periodica smorzata
periodica triangolare
F(t+T)

G. B. FOURIER 1768-1830

The Character of **Maxwell's** equations in the absence of impedance between the vectors{$\underline{E}$,$\underline{H}$} static and electrostatic . The mathematical study of electromagnetic phenomena is simplified in cases where it is possible that the ties are of the linear type materials . This in the sense that the introduced vector functions are linear functions of the other . Es.is For known as the **Esaki diode possesses linear tract O-P** therefore it is linear . **[I] The restriction** only for linear means is justified by the fact that the electromagnetic propagation has such a broad spectrum to cover all power in frequency industrial and eletronics Among the linear means of most interest are those of isotropic media in the context of electro magnetism. The displacement vector and the vector$\underline{D}$ electric conduction current $\underline{J}$ are always parallel to the electric field vector $\underline{k}$. This applies to the $\underline{B}$ magnetic induction vector eventually find always parallel to the magnetic vector field $\underline{h}$. It is used to indicate the link between material carriers with dyadic operators that form unitary (unit vector) . To conclude for a linear and isotropic worth the links between the vectors of type $\{\underline{D}=\varepsilon.\underline{E}\ (1)\ ,\ \underline{J}=\gamma\underline{E}\ (2),\ \underline{B}=\mu\underline{H}\ (3)\}$ [4] where the dyadic have the physical values (see Ap -XYZ -Tav -II-III): and { ε(Farad.m^{-1}) dielectric permittivity , γ (ohm^{-1} m^{-1}) conductivity , μ (Henry m^{-1}) magnetic permittivity [5]

[II] Means invariant with respect to time .The ε and μ so are constants . So in the case sinusoidal one has the corres structed bijection with the space of complex vectors for which is written as: $\{\underline{\dot{D}}=\varepsilon\underline{\dot{E}}\ (4)\ ,\ \underline{\dot{J}}=\gamma\underline{\dot{E}}\ (5)\ ,\ \underline{\dot{B}}=\mu\underline{\dot{H}}\ (6)\}$[6] The return of the [6] to [4]is permitted only if {ε,γ,μ}(b) are constants with respect to the pulsation ω . Since it is convenient to make use [6] as the definition of (b) also in the media,which are almost entirely in which the parameters (b) are functions of w, in [4] each individual second members should be replaced by an integral of antitras convolution between the magnitudes of the **Fourier** formed in the second member in correspondence between [6]and[4]ven in the case **Fig4-am1**,of discontinuity. In this case is sottintense thatthe second member of the [4] and [6] must be replaced by a **convolution integral between the Fourier transforms**

Due personaggi giudicati pazzi dall'uomo comune hanno affermato che l'universo è nato 13,7 miliardi di anni or sono. Per questo sono stati insigniti del premio Nobel. Secondo il loro racconto esiste in una plaga, non megli identifificata dell'universo,nella quale hanno individuato quelli che ritengono i relitti del nucleo -universo della immane esplosione il(**Big→ Bang**)

Avvenuto ,appunto 13,7 miliardi di anni anni or sono.I frammenti del nucleo sono oggi disseminati nello spazio come: polveri di stelle, gli asteroidi, i pianeti ,le stelle ,le stelle super giganti note come quasar(ammassi stellari) agli estremi limiti dell'universo, che fugggono da noi con velocità prossima a quella della luce.

Questa ipotesi trova conferma nei fatti:

[1] Esiste in natura .Un minerale cristallino (Spato Fluore) presente nel nostro pianeta. **Newton**(1643-1727) fuggendo da Cambridge per l'infuriare della peste, fatto un forellino sulla imposta di una camera oscurata osservò sulla parete un dischetto di luce solare,**Fig 15** , incolore **Fig63**

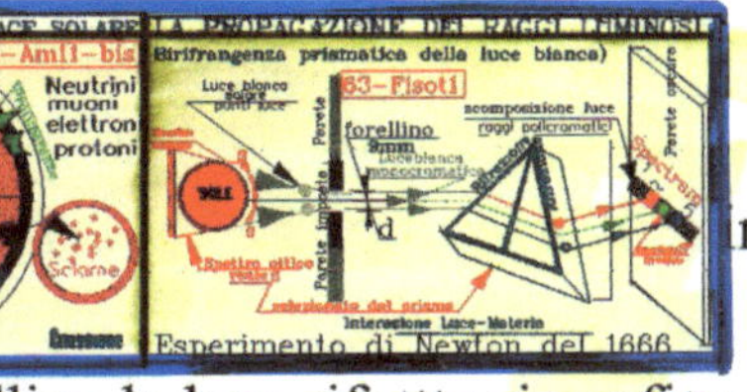

Ma interponendo un **prisma** cristallino la luce rifratta si configurò sulla parete con i colori dell'arcobaleno. Poichè levando il prisma i colori scomparivano **Newton** gli ha dato il nome di **Spectrum** . Dilemma . Di che natura era la luce. La risposta di **Huygens** (1619-1695)è stata : **<< Si tratta di un'onda luminosa che si propaga da una qualunque sorgente >>** **Fig 5-Fis5** Per tutta risposta **Newton<< Pensare che si tratti di un'onda come quella dei mari è ..... il pensiero di ... certi filosofi >>** **Fresnel** (1788-1827),**Fig63** dimostra che **Huygens** era nel giusto

Two characters judged insane common man claimed that the universe was born 13.7 billion years ago. For this they were awarded the Nobel Prize. According to their story exists in a plague, not megli identi-fied universe, in which they to locate those who believe the wrecks of the core-uni-verse of the huge explosion (**Big→ Bang**).

Happened, precisely 13.7 billion years years ago sono.I fragments of the nucleus are today scattered in space as: dust of stars, asteroids, planets, stars, the stars super giants known as quasars (star clusters) at the ends limit of the universe, which fugggono to us with nearly the speed of light.

This hypothesis is confirmed by the facts:

[1] There is in nature.

A crystalline mineral (Spat fluorescence) in our planet **Newton** (1643-1727) running from Cambridge to the fury of the plague, made a small hole on the sets of a darkened room remarked on the wall a disk of sunlight **Fig 15**, colorless **Fig63**

But interponendoun crystal prism refracted light was shaped on the pa-network with the colors of the rainbow

As to take the prism colors disappeared **Newton** gave him the name of **Spectrum**.

Dilemma.

Of what nature was the light. The answer **Huygens** (1619-1695) was: **<< entry is of a light wave that propagates from any source >>** **Fig 5-Fis5**

In response, **Newton**

<< To think that this is a wave like that of the seas ..... the thought of ... certain philosophers >>

Fresnel (1788-1827), **Fig63** shows that Huygens was right

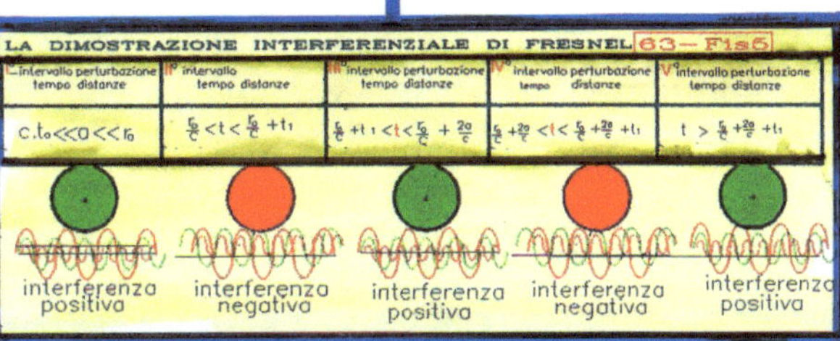

ASTRONOMIA ↔ ASTROFISICA

Aver introdotto la astrofisica alla pagina precedente serve per capire che occorre conoscere la astronomia Infatti l'astrofisica è volta a conoscere fra le caratterstiche degli astri la loro natura e questo è stato posssibile con l'apporto della tecnologia dei radio telescopi **Fig30-Sto3** . Lo spettro delle frequenze **f** del Buco nero è una conquista tecnologica del XX secolo. Trattandosi di una storiografia scientifica gli argomenti di astronomia e astrofisica si alterneranno

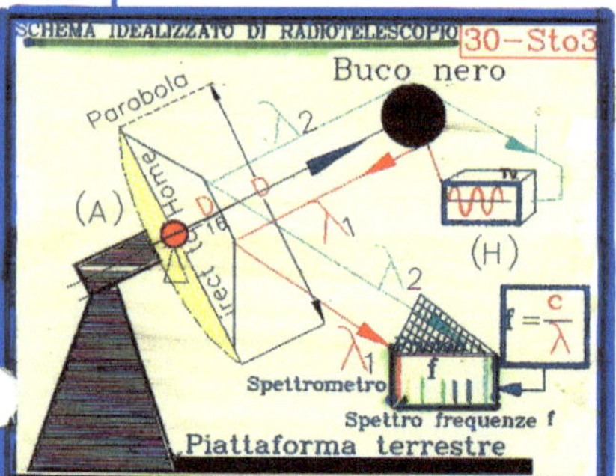

[I] La astronomia Caldea

Il popolo dei Cadei della Mesopotamia ,come dimostra un reperto di terracotta con la effige della stella Sirio risalente al VIII a.C. seguita dai Greci come ricorda **Ovidio**< **Stellis numeros et nomina fecit**> .Lo stesso **Omero**,IX secolo a.C. conosceva Orione e l'Orsa Maggiore. Ricordiamo poi, dopo 20 secoli, **C .Tolomeo** che ha posto la Terra al centro dell'universo e la filosofia scolastica scolastica della Chiesa di Roma Caput Mundi Urbi et Orbi.E' il periodo dei mala tempora dell'anno 1600. Questo per ricordare che l'astronomia di quel periodo a cominciare dal '' Sol Stat'' e per seguire le leggi di **Keplero**........

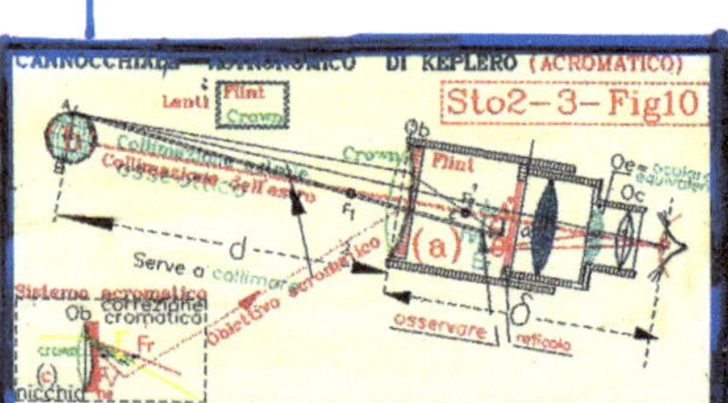

Having introduced the astrophysics to the previous page need to understand that it is necessary to know the fact my astronomy astrophysics is to know among the technical prescriptions of the stars of their nature and this was formulation can with the help of technology of radio telescopes **Fig30-STO3**.

The spectrum of frequencies **f** of the black hole is a technological breakthrough of the twentieth century.

Since this is a scientific historiography topics of astronomy and astrophysics will alternate

[I] The astronomy of the Chaldean

Cade The people of Mesopotamia, as evidenced by a finding of carteware with the effigy of the star Sirius dating from the eighth VIII a.C. followed by the Greeks as **Ovid** recalls: **<Stellis numeros et appointment fecit>**. Homer himself, ninth century B.C. knew Orion and the Big Dipper. Then let us remember, after 20 centuries, **C. Ptolemy**, who has placed the Earth at the center of the universe and the scholastic philosophy of the Church of Rome Caput Mundi Urbi et Orbi Is the period of temporary bad year in 1600. This is to remember that the astronomy of that period beginning with'' Stat Sol'' and follow **Kepler**'s laws ....

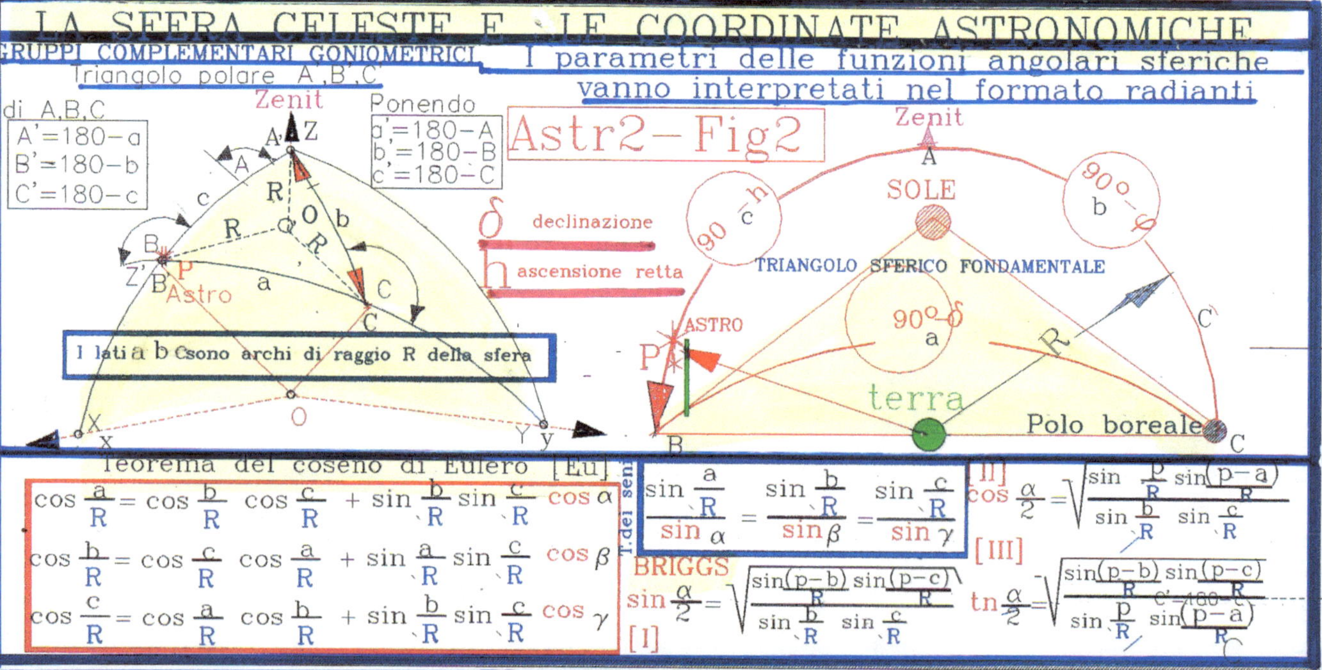

La astronomia antica , tanto per fare il punto della situazione si era fermata a **C.Tolomeo**(**astronomo Greco Questo immagina la Terra al centro dell'universo e tutti gli astri disposti su epicicli a ruotare intorno**) Ma gli **epicicli** non spiegano i fatti . Cioè l'alternarsi delle stagioni e il giorno seguito dalla note .

[I] Nicolò Copernico(1473-1543) .Questo astronomo rappresenta una tappa fondamentale per il pensiero scientifico, risonante al punto che persino il nostro poeta Foscolo(1788-1827) lo celebra come solo un poeta sa fare **<<..... di Colui che vide sotto l'etereo padiglion ruotar più mondi ed il Sole Irradiarli Immoto>>** Dopo aver osservato per anni il moto di Marte rispetto alla Terra e questa vista idealmente del Sole costatò che non la Terra era ferma ma il Sole . Ma nel XV secolo la lunga mano della inquisizione lo costrinse di rifugiarsi nella Prussia Orientale presso l'osservatorio astronomico di Orianeburg sotto la protezione dell'imperatore . Sapeva che la lunga mano di Roma Caput Mundi Urbi et Orbi aveva condizionato l'astronomia il cui modello accettato dalla filosofia scolastica ,fatta propria dalla Chiesa del tempo, era il dogma per cui a priori la Terra era il centro del creato................

The ancient astronomy , just to take stock of the situation had stopped **C.Tolomeo** (**Greek astronomer This imagines the Earth at the center of the universe and all the stars placed on epicycles to rotate around)** But **epicycles** do not explain the facts. That is the changing of the seasons and the day followed by notes . **[I] Nicholas Copernicus (1473-1543)** .

Astronomer This represents a milestone for scientific thought , resonating to the point that even our poet Foscolo (1788-1827) celebrates it as only a poet can do .... **<< . One who saw beneath the ethereal worlds Padiglion turn it over and the sun irradiate How still >>** After observing for years, the motion of Mars relative to the Earth and ideally this view of the sun that does not cost the Earth was stationary but the Sun .But in the fifteenth century, the long arm of the inquisitor tion forced him to take refuge in East Prussia at the Astronomical Observatory of Orianeburg under the protection of the emperor. He knew that the long arm of Rome Caput Mundi Urbi et Orbi had with astronomy - enced the model accepted by the scholastic philosophy , endorsed by the Church of the time , it was the a priori dogma that the Earth was the center of creation .. ..

AVVISO AI NAVIGANTI

Ci siamo lasciati (pg-153)a Bari alle prese con l'aiuto Lentini incaricato della distribuzione dei viveri alla truppa. Mi venne riferito che nascondeva le razioni dei soldati assenti.Da allora ho controllato che ciò non si verificasse più,nel senso che le razioni degli assenti venissero distribuite ai presenti in aggiunta . Qualche mese dopo ecco il fatto nuovo. Il comandante Bertazzoni fece suonare la sveglia anzitempo allo scopo di riunire il reggimento per comunicarci che saremo dovuti partire . Destinati (Gennaio 1944)al servizio della armata inglese attestata sulla linea Gustav (Montecassino). Riunito il reggimento ci rivolse questo apprezzamento **<< siete dei vigliacchi!>>** A suo dire non eravamo stati pronti a scendere ....

NOTICE TO MARINERS We left (pg -153) to Bari grappling with the help Lentini in charge of the distribution of food to the troops . I was told that hid the army ration assenti.Da then I checked that this does not happen more in the sense that the absent rations were distributed to those present in addition. A few months after the fact here again. The commander - Bertaz zoni sounded the alarm prematurely in order to bring the regiment to tell us that we had to leave . Destined (January 1944) at the service of the British army stood on the Gustav Line (Monte Cassino) . Meeting of the regiment gave us this appreciation **<< you cowards ! >>** According to him we were not ready to go ....

COPERNICO 1473–1543

L'annuncio di Copernico **<< La terra non è al centro dell'universo ma si muove di moto circolare rispetto al Sole>>** Ma questa certezza è stato un duro lavoro di osservazione durato anni nel quale aveva ossevato,con il solo **istrumentum parallatticum**, che **Terra** e **Marte** si muovevano attorno al **Sole immobile**. Per timore della inquisizione non pubblicò **<<De rivolutionibus Orbium Coelestium>>**
Capiva che era una dissacrazione del pianeta Terra, non più fermo al centro del creato ma in moto circolare,**Fig1-Sto1**, rispetto al''**Sole fermo**'' Conosceva la vicenda di **Roger Bacon**, filosofo e scienziato inglese (Somerset 1214- Oxford 1294) Fra i suoi scritti il '' Compendium studii hpilosophia' e altri lavori di ottica, matematica e scienze naturali nel Liber communium naturalium..... nel quale critica la concezione tolemaica della Terra,centro del creato. Questo destò prima la inquisizione e poi il Santo Ufficio che lo fece imprigionare(nella stessa Old England) a 16 anni di carcere. Pena interamente scontata, dal 1277 al 1292. Non desta meraviglia che **Copernico** tenesse nascosto il suo ''**Sol Stat**''. Solo sul letto di morte decise di pubblicarlo. Il suo editore, temendo di essere coinvolto precisò che **<<....,dopo tutto.... che la terra si muova è la opinione di uno sconosciuto astronomo>>** ....

AVVISO AI NAVIGANTI

Oggi non lo farei più.Ma allora ero un semplice soldato,giovane e inesperto (ignoravo il detto.... dai nemici mi guardo io dagli amici mi guardi Dio). Alla accusa di vigliaccheria ,uscito dalle file del mio reparto schierato , mi avvicinai al comandante e dopo aver militarmente salutato chiesi la parola. La risposta è stata no! Invece dissi all'incredulo comandante : << Invece parlo .... Ringrazio che prima di mandarci al fronte (**linea Gustav**) mi dà del vigliacco. Rispose :va bene tu non sarai un vigliacco. Replicai << Ma allora lo sono i miei compagni !?>>.......

The announcement of Copernicus **<< The earth is not the center of the universe but moves in a circular motion relative to the Sun >>** But this certainty has been a hard work of observation lasted for years in which he had to remark , with only the **Instrumentum parallatticum** that **Earth** and **Mars** were moved around the **Sun property** . For fear of the Inquisition did not publish
<< De rivolutionibus Orbium Coelestium>>
He understood that it was a desecration of the planet Earth , no longer standing in the middle of creation but in circular motion , **Fig1 - STO1** , compared to '' **stop Sun**'' He knew the story of **Roger Bacon**, English philosopher and scientist (Somerset 1214 - Oxford 1294) Among his writings the '' Compendium Consider hpilosophia ' and other articles of optics, mathematics and natural sciences in Liber communium naturalium .... which criticizes the Ptolemaic conception of the Earth, the center of creation. This aroused before the Inquisition and then the Holy Office that led to his imprisonment (in the same Old England) to 16 years in prison. Pena fully served , from 1277 to 1292 . No wonder that Copernicus would take his '' hidden '' Sol Stat . Only on his deathbed he decided to publish it. His publisher , fearing to be involved ... **<< pointed out that , after all .... that the earth moves is the opinion of an unknown astronomer >>**

NOTICE TO MARINERS

Today I would not more.But then I was a simple soldier , young and inexperienced (did not know the saying .... by enemies from friends I look I look at me God). At the accusation of cowardice , released from the ranks of my department deployed , I went to the commander saluted militarily and after I asked to speak . the answer was no ! Instead, I told the incredulous Commander : << Instead I speak .... Thank you that before you send us to the front (**Gustav Line**) gives me a coward . He said okay you will not be a coward . I replied << But en so are my friends !? >>.......

R.BACONE (a) Metodo sperimentale del (1214-1294)

COPERNICO 1473–1543

L'annuncio di Copernico << La terra NON È al centro dell'universo ma si muove di MOTO CIRCOLARE rispetto al Sole>>

[I] Le leggi del sistema solare . L'annuncio dato da Copernico non convinse Keplero che la Terra potesse descrivere un'orbita **CIRCOLARE attorno al Sole**. Fisico, matematico, astrononomo (1571-1630) è stato il legislatore del sistema solare, quindi di tutti i sistmi binari dell'universo in cui una stella dominante vincoli dei pianeti su orbite stazionarie.

[II] La parola allo stesso Keplero.

<< ..... **CHE COSA SI POTREBBE ESCOGITARE DI MAGGIOR FORZA DIMOSTRATIVA DI CIÒ CHE COPERNICO HA COSTATATO,... PIÙ PER FELICE INTUIZIONE CHE PER SICURO PROCEDIMENTO DEDUTTIVO...... PER CUI SI STABILISCA, A PRIORI DALLA IDEA ALLE CAUSE DELLA CREAZIONE**?

In questo pensiero **Keplero** si accorda con il passato e anticipa **Newton** e, non di meno, si ricollega al pensiero dei Greci attraverso le figure piane e dinamiche di **Apollonio**. Sa che, per induzione un poligonono può trasformarsi se sezionato con un piano , Fig16-Sto2, con l'aumentare del numero dei lati in un cerchio, fatto proprio da **Copernico** per le orbite planetarie della**Terra** e **Marte** Ma come passare alla deduzione con proove certe. **Questoè il problema di Keplero**. Il cammino è stato aspro e della durata di circa cinque anni,scegliendo proprio il pianeta del lato triangolare **Marte-Sole**,osservati dalla **Terra** con il cannocchiale di sua invenzione,della Fig2-Sto23 scopri il mistero che lo tormentava......

AVVISO A I NAVIGANTI

Da Bari a Montecassino.Non prendemo parte all'assedio perchè gli anglo-americani dopo un terrificante bombardamento sfondarono la linea **Gustav**.....

The announcement of Copernicus << The earth is NOT the center of the universe but moves in a circular motion relative to the Sun >>

[I] The laws of the solar system.

The announcement made by Copernicus that the Earth did not convince Kepler could describe a **CIRCULAR orbit around the Sun**

Physicist,mathematician,astrononomo(1571-1630) was the legislature of the solar system, then all the sistmi binary universe where a dominant star con-straints on stationary orbits of the planets.

[II] The word at the same Kepler. << ..... **WHAT COULD devise MOST FORCE DEMONSTRATION OF WHAT HAS RECORDED COPERNICO, ... FOR MORE HAPPY INTUITION FOR SURE THAT PROCEDURE DEDUCTIVE ...... WHY SETTLE, IN ADVANCE FROM THE IDEA TO THE CAUSES OF CREATION?**

In this thought Kepler is consistent with the past and anticipates Newton and, not less, is related to theI think the Greeks through the plane figures and and dynamics of Apollonius. He knows that, by induction a poligonono can turn if dissected with a plan, Fig16-STO2, with the increase in the number of sides in a circle, endorsed by **Copernicus** planetary orbits and Mars dellaTerra But how to switch to proove deduction with certain .

This former the Kepler problem. The road was rough and lasting about five years, choosing just the triangular side of the planet Mars-Sun, viewed from Earth with a telescope of his own invention, the Fig2-Sto23 discover the mystery that tormented him .

The NOTICE TO MARINERS

From Bari to Montecassino.Non we take up the AS-siege because the Anglo-Americans after a terrifying bombing broke through the Gustav Line .....

3- Keplero

LA PRIMA LEGGE DI KEPLERO | pg-160

In sistema eliocentrico della **Fig1-STO23** mostra i pianeti **TERRA**,**MARTE**(esterno all'orbita terrestre)

RAPPRESENTAZIONE PLANETARIA TERRA–MARTE

Fig1–STO23

N	PIANETI	⊕=T	♂=M
1	Massa kg	$6{\cdot}10^{24}$	$6{,}4{\cdot}10^{23}$
2	Raggio corpo km	6378	3397
3	Raggio orbita in milani km	149,6	227,99
4	Periodo rivoluzione	$365^{g},26$	$686^{g},98$
5	Periodo di rotazione	$23^{h}56^{m}3$	$24^{h}01^{m}20^{s}$
	inclinazione piano orbitale	$0°$	$1°\ 51m$

Parametri relativi (b) — Dati aggornati al 1951

1 U.A)= 1,496 milioni di km — PIANETI IN CONGIUNZIONE (istante t)

Nel piano orbitale(eclittico) la **Terra** (**T**) descrive un circolo complanare allo spazio gravitazionale solare mentre **Marte** (**M**)è inclinato di $1^{\circ}\ 51^{m}$

[I] **La prima legge di Keplero**(**K**). Con felice scelta prese a riferimento il pianeta Marte(**M**) su orbita circolare **copernicana**. Ignorava (XVI secolo) che **M** fosse meno veloce di **T**<<**nicchia (b) N (4)** >>

Allora se all'istante t(si noti l'asse dei tempi con i pianeti: Venere-Terra- Marte allineati) i pianeti sono in congiunzione in un certo passaggio nell'istante t, se le orbite sono circolari dopo un perito T, cioè per t+T lo saranno anche nei passaggi successivi. Quindi se ciò è vero i pianeti visti da **Sole** o dalle stelle fisse ,decorso il periodo **P** (**siderale**)si può scrivere $(\pi{:}T=\pi{:}P)$(1) che vale per tutti i pianeti .Tanto per fissare le idee per il pianeta **M**(Marte) che per **T** (Terra) Per la legge del moto circolare uniforme (**Galilei**: il pianeta descrive un numero di giri uguali in tempi uguali con n≡ tω=T del periodo di rivoluzione per n relativa a pianeti interni all'orbita terrestre (**caso del pianeta** Venere n'>n Terra)

Decorso il periodo **P** la (1) può essere scritta con modalità : $n\,(t+T)>n'(t+T)$(2) Il significato astronomico di questa equazione è : < **tutti i pianetidel sistema solare in moto circolare uniforme verificano** >(2)

THE FIRST LAW OF KEPLER | pg-160

heliocentric system of **Fig1-STO23** shows the planets **EARTH**, **MARS** (outside the Earth's orbit).

In the orbital plane (ecliptic) the **Earth** (**T**) describes a circle coplanar to the space solar gravitational while **Mars** (**M**) is inclined to the first $1^{\circ}\ 51^{m}$

[I] **The first law of Kepler** (**K**).

With happy choice made reference to the planet Mars (**M**) of Copernican circular orbit. Ignored (XVI century) that **M** was not as fast as **T** << **niche (b) N (4)** >>

Then if at time t (note the time axis with the planets: Venus-Earth-Mars aligned) the planets are in conjunction in a certain passage in time t, if the orbits are circular after an appraiser T, ie T t so are the next steps. So if this is true the planets viewed from Sun or from the fixed stars, after a period P (sidereal) can be written $(\pi{:}\ T=\pi{:}\ P)$(1) which applies to all the planets. Just to fix ideas for M the planet (Mars) that for T (Terra) for the law of the uniform circular motion (**Galileo**: the planet describes equal arcs and ring in equal times with n (tω = n)T the period of revolution for n relative to the inner planets Earth orbit (**the planet** Venus n '> n Earth)

After the period the **P** (1) can be written following means: $n\,(t+T)>n'\,(t+T)$(2) the astronomical significance of this equation is < **all planetes of solar system in a circular motion to check**> (2)

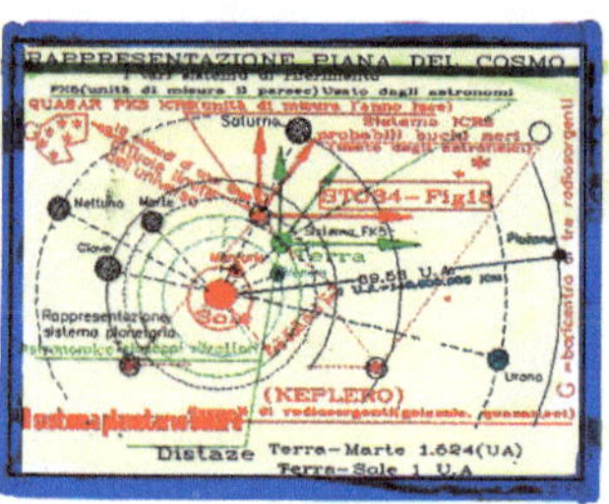

LA MATEMATICA COMPLESSA - UN MODELLO APPLICATIVO

A scopo memoria riportiamo la Tav.D delle derivate di funzioni complesse delle funzione trigonometriche. Ricordiamo che per avere le corrispondenti in campo reale basata sostiuire a $z=x+jy$ (a) la sola x. Es.: $dx^n/dx=nx^{n-1}$. Si consideri la formula mista a seguire:

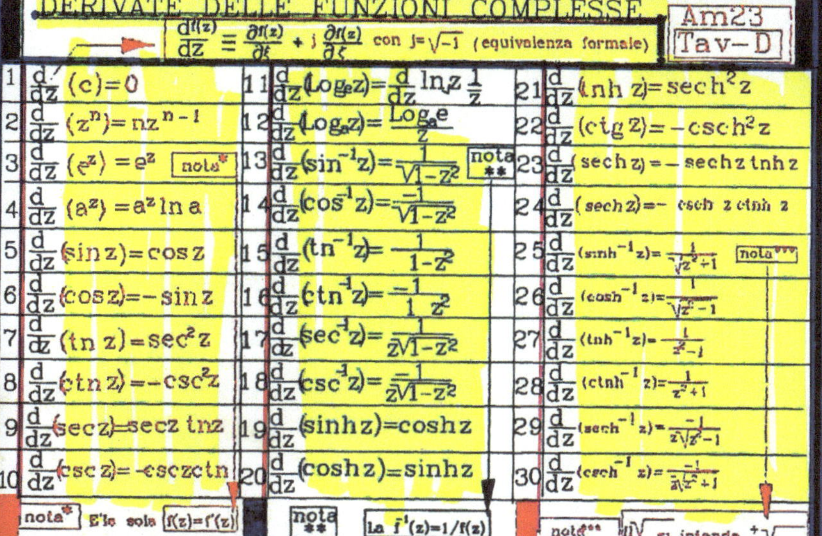

DERIVATE DELLE FUNZIONI COMPLESSE — Am23 — Tav-D

$\frac{df(z)}{dz} \equiv \frac{\partial f(z)}{\partial \xi} + j\frac{\partial f(z)}{\partial \zeta}$ con $j=\sqrt{-1}$ (equivalenza formale)

N.		N.		N.	
1	$\frac{d}{dz}(c)=0$	11	$\frac{d}{dz}(\mathrm{Log}_e z)=\frac{d}{dz}\ln z\,\frac{1}{z}$	21	$\frac{d}{dz}(tnh\,z)=\mathrm{sech}^2 z$
2	$\frac{d}{dz}(z^n)=nz^{n-1}$	12	$\frac{d}{dz}(\mathrm{Log}_a z)=\frac{\mathrm{Log}_a e}{z}$	22	$\frac{d}{dz}(ctg\,z)=-\mathrm{csch}^2 z$
3	$\frac{d}{dz}(e^z)=e^z$ nota*	13	$\frac{d}{dz}(\sin^{-1}z)=\frac{1}{\sqrt{1-z^2}}$ nota**	23	$\frac{d}{dz}(\mathrm{sech}\,z)=-\mathrm{sech}\,z\,tnh\,z$
4	$\frac{d}{dz}(a^z)=a^z\ln a$	14	$\frac{d}{dz}(\cos^{-1}z)=\frac{-1}{\sqrt{1-z^2}}$	24	$\frac{d}{dz}(\mathrm{sech}\,z)=-\mathrm{csch}\,z\,ctnh\,z$
5	$\frac{d}{dz}(\sin z)=\cos z$	15	$\frac{d}{dz}(tn^{-1}z)=\frac{1}{1-z^2}$	25	$\frac{d}{dz}(\sinh^{-1}z)=\frac{1}{\sqrt{z^2+1}}$ nota***
6	$\frac{d}{dz}(\cos z)=-\sin z$	16	$\frac{d}{dz}(ctn^{-1}z)=\frac{-1}{1\ z^2}$	26	$\frac{d}{dz}(\cosh^{-1}z)=\frac{1}{\sqrt{z^2-1}}$
7	$\frac{d}{dz}(tn\,z)=\sec^2 z$	17	$\frac{d}{dz}(\sec^{-1}z)=\frac{1}{z\sqrt{1-z^2}}$	27	$\frac{d}{dz}(tnh^{-1}z)=-\frac{1}{z^2-1}$
8	$\frac{d}{dz}(ctn\,z)=-\csc^2 z$	18	$\frac{d}{dz}(\csc^{-1}z)=\frac{-1}{z\sqrt{1-z^2}}$	28	$\frac{d}{dz}(ctnh^{-1}z)=\frac{1}{z^2+1}$
9	$\frac{d}{dz}(\sec z)=\sec z\,tnz$	19	$\frac{d}{dz}(\sinh z)=\cosh z$	29	$\frac{d}{dz}(\mathrm{sech}^{-1}z)=\frac{-1}{z\sqrt{z^2-1}}$
10	$\frac{d}{dz}(\csc z)=-\csc z\,ctn$	20	$\frac{d}{dz}(\cosh z)=\sinh z$	30	$\frac{d}{dz}(\mathrm{csch}^{-1}z)=\frac{-1}{z\sqrt{z^2+1}}$

nota* E' la sola $f(z)=f'(z)$ — nota** La $f^{-1}(z)=1/f(z)$ — nota*** $\sqrt{\ }$ si intende $\pm\sqrt{\ }$

$$z=x+jy=\sqrt{x^2+y^2}[\cos\phi + j\sin\phi]= =r[\cos\phi + j\sin\phi]=r\,e^{j\phi} \quad (1)$$

nota come la formula di **de Moivre**

1- I numeri reali x. Sappiamo che ammettono le proprietà di somma -differenza-prodotto-quoziente. Ammettono pure radici di ordine pari 2n (n=1,2,....) che, per il T.F.A ammettono n autovalori o radici della eq.: $a_n x^n + a_{n-1}x^{n-1}+...+a_0=0$ se gli a sono numeri reali, con il primo $a \neq 0$ e si contano le reali e

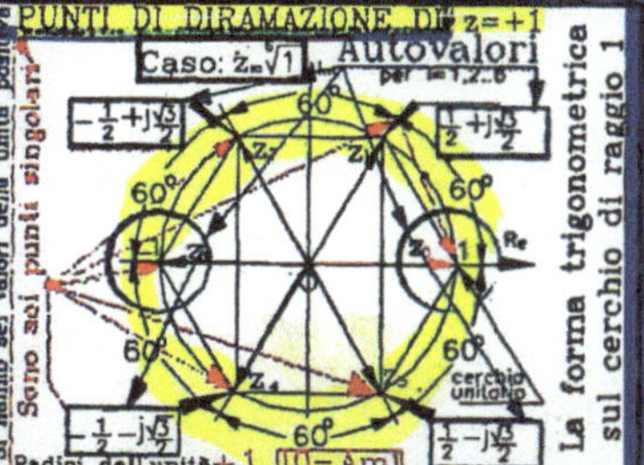

le complesse. E' il caso della **Fig10**, le cui radici della unità positiva sono 2 reali e una coppia di complesse coniugate, come dire che moltiplicando le sei radici fra loro si ritrova la unià +1.

2 - Il caso della radice di numeri negativi. Se y<0, in particolare y=-1 la sua radice quadrata $\sqrt{-1}$ non esiste. Perciò **Gauss** pose: $j=\sqrt{-1}$ (a) se ne deve dedurre le seguenti potenze:

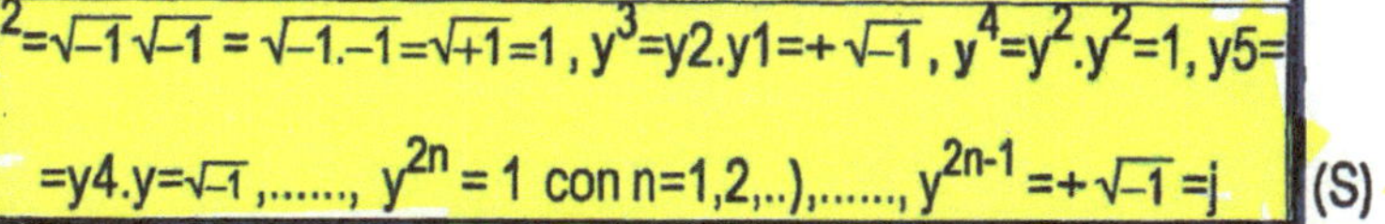

$$j^2=\sqrt{-1}\sqrt{-1}=\sqrt{-1.-1}=\sqrt{+1}=1,\ y^3=y2.y1=+\sqrt{-1},\ y^4=y^2.y^2=1,\ y5= =y4.y=\sqrt{-1},......,\ y^{2n}=1 \text{ con } n=1,2,..),......,\ y^{2n-1}=+\sqrt{-1}=j \quad (S)$$

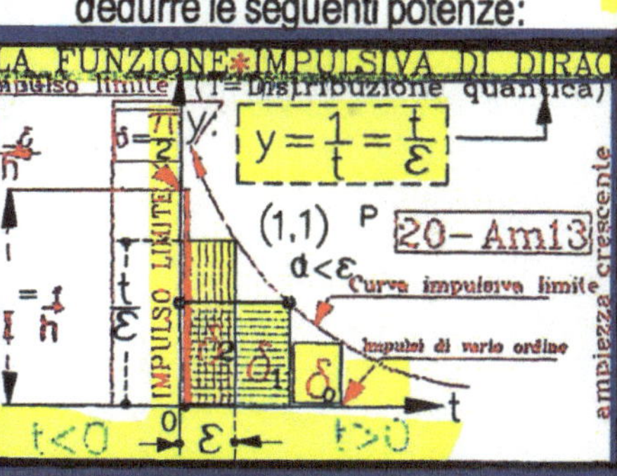

La **Fig20** rappresenta la serie degli impulsi teorizzati da **P.Dirac** e si collega alla quantizzazione di **Planck**. Nelle reti elettriche fra l'ingresso u(t) e uscita y(t) si ha: $y(t)=y(0)+k_1\delta_0(t_1)+k_2\delta_2(t_2)+...+k_n\delta_n(t_n)$ (2) con k_i (i=1,2,...,n) ampiezza impulsi, δ_i=impulsi limite, t_i=istante.

Si consideri ora la serie degli elementi ed i loro numeri quantici, di **Fig37**, cioè gli A=p+n (protoni e neutroni nucleari) La loro identificazione spettrale isotopica è realizzata con/ lo spettrografo di massa di **Aston**, **Fig1**.es.per il potassio A= 40=19+21

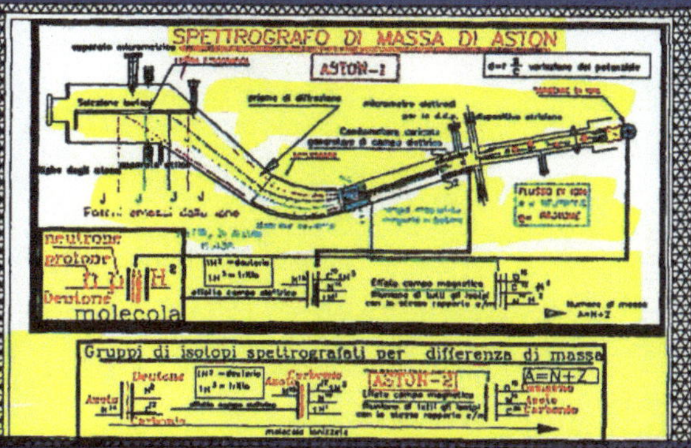

IL NUMERO DEI PROTONI ED ELETTRONI DI ALCUNI ELEMENTI

Elemento	Ar	K	Ca	Sc	Ti	V	Cr	Mn	Fe	Co	Ni	Cu	Zn
numero protoni	18	19	20	21	22	23	24	25	26	27	28	29	30

Elementi metallici righe

lunghezze λ: Zn Ni Fe Mn Cr V Ti Sc Ca K Ar — nm; Cu Co; 0,2 — 0,3 — 0,4

Tee10-37

www.ingramcontent.com/pod-product-compliance
Lightning Source LLC
Chambersburg PA
CBHW051022180526
45172CB00002B/438
* 9 7 8 1 2 9 1 7 6 1 5 8 0 *